高 等 院 校 应 用 型 设 计 教 育 规 划 教 材
PLANNED TEXTBOOKS ON APPLIED DESIGN EDUCATION FOR STUDENTS OF UNIVERSITIES & COLLEGES

AD

ANIMATION DESIGN

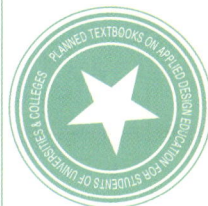

二 维 动 画 制 作 技 法

TWO-DIMENSIONAL CARTOON TECHNIQUES AND PRESENTATION

AD 吴浩 周崛 俞群 编著

合肥工业大学出版社
HEFEI UNIVERSITY OF TECHNOLOGY PRESS

图书在版编目（CIP）数据

二维动画制作技法/吴浩等编著.—合肥：合肥工业大学出版社，2009.8（2015.7重印）

高等院校应用型设计教育规划教材

ISBN 978-7-5650-0007-2

Ⅰ.二…　Ⅱ.吴…　Ⅲ.二维-动画-图形软件-高等学校-教材　Ⅳ. TP391.41

中国版本图书馆CIP数据核字（2009）第133768号

二维动画制作技法

编　著	吴　浩　周　崛　俞　群
责任编辑	王　磊
封面设计	袁　媛　郑媛丹
内文设计	陶霏霏
技术编辑	程玉平
书　名	高等院校应用型设计教育规划教材——二维动画制作技法
出　版	合肥工业大学出版社
地　址	合肥市屯溪路193号
邮　编	230009
网　址	www.hfutpress.com.cn
发　行	全国新华书店
印　刷	安徽联众印刷有限公司
开　本	889mm×1194mm　1/16
印　张	5.5
字　数	180千字
版　次	2010年2月第1版
印　次	2015年7月第2次印刷
标准书号	ISBN 978-7-5650-0007-2
定　价	39.00元
发行部电话	0551-62903188

编撰委员会 AD

丛书主编: 邬烈炎

丛书副主编: 金秋萍 王瑞中 马国锋 钟玉海 孟宪余

编委会（排名不分先后）

王安霞	潘祖平	徐亚平	周 江	马若义
吕国伟	顾明智	黄 凯	陆 峰	杨天民
刘玉龙	詹学军	张 彪	韩春明	张 非
郑 静	刘宗红	贺义军	何 靖	刘明来
庄 威	陈海玲	江 裕	吴 浩	胡是平
胡素贞	李 勇	蒋耀辉	陈 伟	邬红芳
黄志明	高 旗	许存福	龚声明	王 扬
孙成东	霍长平	刘 彦	张天维	徐 仂
徐 波	周逢年	宋寿剑	钱安明	袁金龙
薄芙丽	森 文	李卫兵	周 瞳	蒋粤闽
季文媚	曹 阳	王建伟	师高民	李 鹏
张 蕾	范聚红	刘雪花	孙立超	赵雪玉
刘 棠	计 静	苏 宇	张国斌	高 进
高友飞	周小平	孙志宜	闻建强	曹建中
黄卫国	张纪文	张 曼	盛维娜	丁 薇
王亚敏	王兆熊	曾先国	王慧灵	陆小彪
王 剑	王文广	何 佳	孟 琳	纪永贵
倪凤娇	方福颖	李四保	盛 楠	闫学玲

江南大学　　南京艺术学院　　北京服装学院

方立松　　周 江　　何 靖

主 审 院 校
CHIEF EXAMINE UNI.

策 划
PLANNERS

参 编 院 校 AD

排名不分先后

江南大学	南京艺术学院
苏州大学	南京师范大学
南京财经大学	南京林业大学
南京交通职业技术学院	徐州师范大学
常州工学院	常州纺织服装职业技术学院
太湖学院	盐城工学院
三江学院	江苏信息职业技术学院
无锡南洋职业技术学院	苏州科技学院
苏州工艺美术职业技术学院	苏州经贸职业技术学院
东华大学	上海科学技术职业学院
上海交通大学	上海金融学院
上海电机学院	武汉理工大学
华中科技大学	湖北美术学院
湖北大学	武汉工程大学
武汉工学院	江汉大学
湖北经济学院	重庆大学
四川师范大学	华南师范大学
青岛大学	青岛科技大学
青岛理工大学	山东商业职业学院
山东青年干部职业技术学院	山东工业职业技术学院
青岛酒店管理职业技术学院	湖南工业大学
湖南师范大学	湖南城市学院
吉首大学	湖南邵阳职业技术学院
河南大学	郑州轻工学院
河南工业大学	河南科技学院
河南财经学院	南阳学院
洛阳理工学院	安阳师范学院
西安工业大学	陕西科技大学
咸阳师范学院	宝鸡文理学院

参 编 院 校 AD

排名不分先后

渭南师范大学	北京服装学院
首都师范大学	北京联合大学
北京师范大学	中国计量学院
浙江工业大学	浙江财经学院
浙江万里学院	浙江纺织服装职业技术学院
丽水职业技术学院	江西财经大学
江西农业大学	南昌工程学院
南昌航空航天大学	南昌理工学院
肇庆学院	肇庆工商职业学院
肇庆科技职业技术学院	江西现代职业技术学院
江西工业职业技术学院	江西服装职业技术学院
景德镇高等专科学校	江西民政学院
南昌师范高等专科学校	江西电力职业技术学院
广州城市建设学院	番禺职业技术学院
罗定职业技术学院	广州市政高专
合肥工业大学	安徽工程科技学院
安徽大学	安徽师范大学
安徽建筑工业学院	安徽农业大学
安徽工商职业学院	淮北煤炭师范学院
淮南师范学院	巢湖学院
皖江学院	新华学院
池州学院	合肥师范学院
铜陵学院	皖西学院
蚌埠学院	安徽艺术职业技术学院
安徽商贸职业技术学院	安徽工贸职业技术学院
滁州职业技术学院	淮北职业技术学院
桂林电子科技大学	华侨大学
云南艺术学院	河北科技师范学院
韩国东西大学	

总序

目前艺术设计类教材的出版十分兴盛，任何一门课程如《平面构成》、《招贴设计》、《装饰色彩》等，都可以找到十个、二十个以上的版本。然而，常见的情形是许多教材虽然体例结构、目录秩序有所差异，但在内容上并无不同，只是排列组合略有区别，图例更是单调雷同。从写作文本的角度考察，大都分章分节平铺直叙，结构不外乎该门类知识的历史、分类、特征、要素，再加上名作分析、材料与技法表现等等，最后象征性地附上思考题，再配上插图。编得经典而独特，且真正可供操作、可应用于教学实施的却少之又少。于是，所谓教材实际上只是一种讲义，学习者的学习方式只能是一般性地阅读，从根本上缺乏真实能力与设计实务的训练方法。这表明教材建设需要从根本上加以改变。

从课程实践的角度出发，一本教材的着重点应落实在一个"教"字上，注重"教"与"讲"之间的差别，让教师可教，学生可学，尤其是可以自学。它必须成为一个可供操作的文本、能够实施的纲要，它还必须具有教学参考用书的性质。

实际上不少称得上经典的教材其篇幅都不长，如康定斯基的《点线面》、伊顿的《造型与形式》、托马斯·史密特的《建筑形式的逻辑概念》等，并非长篇大论，在删除了几乎所有的关于"概念"、"分类"、"特征"的絮语之后，所剩下的就只是个人的深刻体验、个人的课题设计，于是它们就体现出真正意义上的精华所在。而不少名家名师并没有编写过什么教材，他们只是以自己的经验作为传授的内容，以自己的风格来建构规律。

大多数国外院校的课程并无这种中国式的教材，教师上课可以开出一大堆参考书，却不编印讲义。然而他们的特点是"淡化教材，突出课题"，教师的看家本领是每上一门课都设计出一系列具有原创性的课题。围绕解题的办法，进行启发式的点拨，分析名家名作的构成，一次次地否定或肯定学生的草图，无休止地讨论各种想法。外教设计的课题充满意趣以及形式生成的可能性，一经公布即能激活学生去进行尝试与探究的欲望，如同一种引起活跃思维的兴奋剂。

因此，备课不只是收集资料去编写讲义，重中之重是对课程进行设计有意义的课题，是对作业进行编排。于是，较为理想的教材结构，可以以系列课题为主，其线索以作业编排为秩序。如包豪斯第一任基础课程的主持人伊顿在教材《设计与形态》中，避开了对一般知识的系统叙述，而是着重对他的课题与教学方法进行了阐释，如"明暗关系"、"色彩理论"、"材质和肌理的研究"、"形态的理论认识和实践"、"节奏"等。

每一个课题都具有丰富的文件，具有理论叙述与知识点介绍、资源与内容、主题与关键词、图示与案例分析、解题的方法与程序、媒介与技法表现等。课题与课题之间除了由浅入深、从简单到复杂的循序渐进，更应该将语法的演绎、手法的戏剧性、资源的趣味性及效果的多样性与超越预见性等方面作为侧重点。于是，一本教材就是一个题库。教师上课可以从中各取所需，进行多种取向的编排，进行不同类型的组合。学生除了完成规定的作业外，还可以阅读其他课题及解题方法，以补充个人的体验，完善知识结构。

从某种意义上讲，以系列课题作为教材的体例，使教材摆脱了单纯讲义的性质，从而具备了类似教程的色彩，具有可供实施的可操作性。这种体例着重于课程的实践性，课题中包括了"教学方法"的含义。它所体现的价值，就在于着重解决如何将知识转换为技能的质的变化，使教材的功能从"阅读"发展为一种"动作"，进而进行一种真正意义上的素质训练。

从这一角度而言，理想的写作方式，可以是几条线索同时发展，齐头并进，如术语解释呈现为点状样式，也可以编写出专门的词汇表；如名作解读似贯穿始终的线条状；如对名人名论的分析，对方法的论叙，对原理法则的叙述，

总序

就如同面的表达方式。这样学习者在阅读教材时，就如同看蒙太奇镜头一般，可以连续不断，可以跳跃，更可以自己剪辑组合，根据个人的问题或需要产生多种使用方式。

艺术设计教材的编写方法，可以从与其学科性质接近的建筑学教材中得到借鉴，许多教材为我们提供了示范文本与直接启迪。如顾大庆的教材《设计与视知觉》，对有关视觉思维与形式教育问题进行了探讨，在一种缜密的思辨和引证中，提供了一个具有可操作性的教学手册。如贾倍思在教材《型与现代主义》中以"形的构造"为基点，教学程序和由此产生创造性思维的关系是教材的重点，线索由互相关联的三部分同时组成，即理论、练习与构成原理。如瑞士苏黎世高等理工大学建筑学专业的教材，如同一本教学日志对作业的安排精确到了小时的层次。在具体叙述中，它以现代主义建筑的特征发展作为参照系，对革命性的空间构成作出了详尽的解读，其贡献在于对建筑设计过程的规律性研究及对形体作为设计手段的探索。又如陈志华教授写作于20世纪70年代末的那本著名的《外国建筑史19世纪以前》，已成为这一领域不可逾越的经典之作，我们很难想象在那个资料缺乏而又思想禁锢的时期，居然将一部外国建筑史写得如此炉火纯青，30年来外国建筑史资料大批出现，赴国外留学专攻的学者也不计其数，但人们似乎已无勇气再去试图接近它或进行重写。

我们可以认为，一部教材的编撰，基本上应具备诸如逻辑性、全面性、前瞻性、实验性等几个方面的要求。

逻辑性要求，包括内容的选择与编排具有叙述的合理性，条理清晰，秩序周密，大小概念之间的链接层次分明。虽然一些基本知识可以有多种不同的编排方法，然而不管哪种方法都应结构严谨、自成一体，都应生成一个独特的系统。最终使学习者能够建立起一种知识的网络关系，形成一种线性关系。

全面性要求，包括教材在进行相关理论阐释与知识介绍时，应体现全面性原则。固然教材可以有教师的个人观点，但就内容而言应将各种见解与解读方式，包括自己不同意的观点，包括当时正确而后来被历史证明是错误或过时的理论，都进行尽可能真实的罗列，并同时应考虑到种种理论形成的文化背景与时代语境。

前瞻性要求，包括教材的内容、论析案例、课题作业等都应具有一定的超前性，传授知识领域的前沿发展，而不是过多表述过时与滞后的经验。学生通过阅读与练习，可以使知识产生迁延性，掌握学习的方法，获得可持续发展的动力。同时一部教材发行后往往要使用若干年，虽然可以修订，但基本结构与内容已基本形成。因此，应预见到在若干年以内保持一定的先进性。

实验性要求，包括教材应具有某种不规定性，既成的经验、原理、规则应是一个开放的系统，是一个发展的过程，很多课题并没有确定的唯一解，应给学习者提供多种可能性实验的路径、多元化结果的可能性。问题、知识、方法可以显示出趣味性、戏剧性，能够激发学习者的探求欲望。它留给学习者思考的线索、探索的空间、尝试的可能及方法。

由合肥工业大学出版社出版的《高等院校应用型设计教育规划教材》，即是在当下对教材编写、出版、发行与应用情况，进行反思与总结而迈出的有力一步，它试图真正使教材成为教学之本，成为课程的本体的主导部分，从而在教材编写的新的起点上去推动艺术教育事业的发展。

邬烈炎

南京艺术学院设计学院院长　教授

目录

前言 AD

　　我国动漫事业的发展步履艰辛，在计划经济体制下，老一辈的动漫艺术家们创造了一大批脍炙人口的世界级动画作品，如《大闹天宫》、《哪吒闹海》等。这一成就也为中国的动漫事业在新一轮世界动漫发展的大潮中奠定了坚实的基础。至今中国已有十几万人在从事现代动漫的制作加工工作。随着我国文化创意产业发展步伐的日益加快，中国正逐步从一个动漫产业落后的加工基地走向现代集动漫创作、加工为一体的动漫制作大国。

　　在当下讲究视觉体验的时代里，动画艺术成了最好的视觉娱乐方式，也包含着无穷的文化价值和商业价值。二维动画是一种独特的艺术形态，是经过提炼的视觉符号。相比三维动画，二维动画不但制作成本较低，而且拥有多样化的美术风格和制作手段，有着非常自由的表现方法和独特的视觉张力。二维动画能体现民族的审美文化，并以其独特的形式与审美价值被更多的人认知。动画角色形象夸张，色彩明亮，造型卡通，动作诙谐幽默，满足了人们精神文化生活的需要。2009年初《喜羊羊与灰太狼》电影版的票房奇迹就说明了二维动画的生命力，就连美国总统奥巴马在2009年金融危机时也配合制作了一部以自己为主角的二维动画，用以激励人们。

　　随着时代进步、科技发展，动画经济进入一个全球化、多元化的发展阶段。中国动画在这一文化产业大潮中将更加彰显活力。而市场对动漫人才的专业水平则提出更高的要求，进一步深化人才培养模式，提高办学质量也成为动漫教育发展的当务之急。作为动漫教育的重要环节，教材建设肩负着重要的使命。为了适应高职高专院校对动漫类人才的培养需求，应合肥工业大学出版社之邀，我们编写了这本《二维动画制作技法》。本书很多内容都是笔者从事动画制作多年的心得，力求对目前二维动画里的主要类型做一个较全面的介绍，供广大老师和同学阅读学习使用。

　　在编写过程中合肥同人动画的总经理吴铭东先生给了我们很多帮助，也提出了宝贵的意见，在此表示衷心的感谢。

吴浩

2010年1月

第一章 概述

▶ 学习目标：
1. 了解动画的制作流程，为后面的学习打下基础；
2. 通过学习"动画人之三要素"，明确今后如何学习动画制作。

▶ 学习重点：
1. 理解视觉残留现象；
2. 理解动画制作的流程；
3. 理解动画制作过程中每个环节的任务；
4. 动画人之三要素。

▶ 学习难点：
动画制作过程中每个环节的任务。

第一节 基础知识

自人类文明产生以来，各种图像形式的记录，均显示人类潜意识中表现物体动作和时间过程的欲望。古代壁画上劳动的场面及各种动物的形象，就是人类用笔（或木棒，或石块）捕捉、凝结动作的尝试，这大概就是最原始的漫画（图1-1）。连环漫画大约始于公元前2000年埃及的墙壁装饰，它描绘了两个摔跤手的一段连续动作。

图 1-1

动画是通过连续播放一系列静止画面，造成视觉上连续变化的图画。经研究证实，人的眼睛看到一幅画或一个物体后，在1/24秒内不会消失。利用这一原理，在一幅画面消失前播放出下一幅画面，就会给人造成一种流畅的视觉变化效果。因此，电影采用了每秒24格画面的速度拍摄和播放，电视采用了每秒25帧（PAL制）或30帧（NSTC制）画面的速度拍摄和播放。

动画作为一门视听艺术如今已是风靡全球，动画爱好者在国内也是数不胜数。动画片是以绘画为基础的一个特殊片种，它综合文学、绘画、音乐、表演、摄影等艺术手段共同创作，通过电脑制作、剪辑、录音等技术加工过程，最终被制作成一部影视作品。

动画制作技术源于传统绘画和幻灯技术，但又超越了传统绘画技术与幻灯技术。事实上，动画的创作，在观念上既具有纯绘画的精致，又具有通俗文化的漫画卡通特点。这种包含前卫精神与通俗文化的两极特性，就是动画越来越吸引人的原因。

图 1-2

图 1-3

图 1-4

11

动画又体现了艺术表现形式的多样性，比传统绘画更生动灵活，而现代电影电视技术的发展更增强了动画的表现力。动画强调讽刺、幽默与机智。它有一种让人无法抗拒的休闲与幽默方式，备受广大观众的喜爱，具有广阔的开发前景和市场空间，因此越来越具有商业性质。（图1-2、图1-3、图1-4）

第二节 动画的制作流程

目前，由于制作工艺的发展，新的工作流程也慢慢出现。从影视制作的角度来说，动画制作大体分为前期、中期和后期。

一、前期

前期工作好比是一张画的轮廓和色彩基调。前期工作准备的好坏和详尽与否直接关系到一部动画的成败。此时的工作主要是由导演、编剧以及美术设计来完成。导演带领主创人员就动画剧本的故事、故事的结构、美术风格（角色造型、场景设置、色调）等部分进行反复地探讨。前期的工作（图1-5）会产生几个成果：文学剧本、美术设计（图1-6）、分镜台本（图1-7）。值得一提的是有些片子是先期进行配音的。先期配音的好处是，动画师在制作动画的时候可以根据配音演员的语调去更好地把握角色。

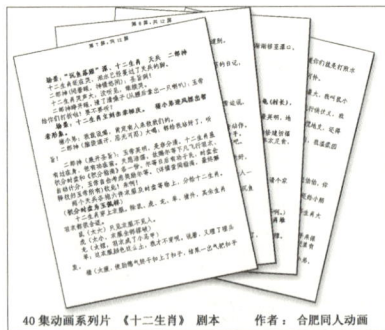

图 1-5

图 1-6a

图 1-6b

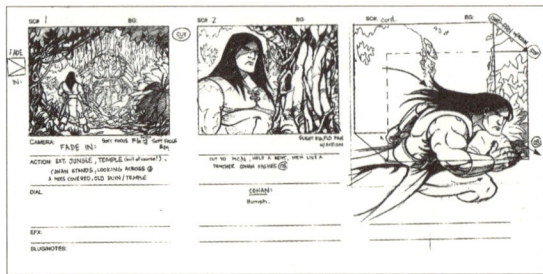

图 1-7

二、中期

中期是动画制作最费时费力的环节，它的制作精度决定了影片的质量。关于中期的划分没有一定的说法，主要是由不同的制作方式决定的。简单来说，中期制作就是根据前期的设计要求制作出相应的动画文件（镜头），包括背景。如果是三维动画，由于制作技术上的特点，分工的环节就稍微多一些。（图1-8）

三、后期

后期在影视制作里是一个非常专业的环节。它的工作量根据影片的要求，可大可小。

粗剪：中期制作出的都是一些没有经过剪辑的镜头素材。只有将这些素材按照剧本和分镜头台本的要求剪辑到一起，并且配上音效和对白，影片的大体节奏才能出来。有的影片会有好几个粗剪的版本，那是导演在寻找最佳的镜头组接关系和叙事节奏。这时的画面还没有经过处理，可能有些镜头还没有完善。这并不要紧，因为粗剪版本就是用来预览影片节奏的。

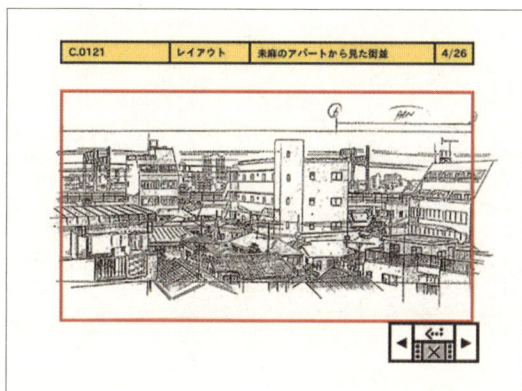

图 1-8a

图 1-8b

图 1-8c

图 1-9

特效：如果有些镜头中需要制作特效（三维道具、粒子、光效、调色、特殊视觉效果等等），那么就要在后期特效软件中制作。（图1-9）

声音：配音、声音特效、背景音乐的准备。（图1-10）

最终剪辑：将镜头素材在电脑中按镜号规定的次序排列在一起。对镜头的长短、动作的节奏、声音和画面的配合等问题进行精确的调整。（图1-11）

图 1-10

图 1-11

输出：将画面、对白、音乐、声音特效等元素剪辑好之后混录输出。

在过去动画片的生产成本是很高的。现在由于电脑技术的发展，很多动画公司都有一套适合自己的工作流程，过去的一些流程已经部分地被简化了。

第三节　动画人之三要素

动画设计人员是动画片生产中的主要创作人员。而成为合格的动画设计者是动画专业学生以及有志于成为一名动画人者所应达到的基本要求。

动画设计人员在工作中，要接触各种各样的剧本题材，要同不同风格的导演合作，也要接触各种不同的人物造型和艺术风格，这都需要动画设计人员依据剧本和导演意图，去创作各种不同的人物动态和表情，并且要运用各种不同的技术手段，去处理镜头的各种问题。

那么，究竟应该具备什么样的素质和条件，才能胜任这样繁重而又复杂的工作任务呢？下面就让我们来谈谈动画人所要具备的三要素。

一、眼

1. 观察世界

动画人应该养成观察生活、观察世界的好习惯。

这种观察并非是纯粹的"看热闹"，因为看热闹是看过即忘，不会留有印象，也不会去思考，更不会收获什么。我们所说的观察是从专业角度来看待事物，有意识地汲取。

例如：有志于从事游戏行业的动画专业学生，他们玩网络游戏，会去注意人物的贴图，地面的材质，房屋的模型，还有游戏界面的设计等等，从中获得借鉴。（图1-12）

图 1-12

图 1-13

2. 收集素材

很多时候你所接到的任务或作业都是有时间限制的，这时就能看出平时多积累素材的重要性了。它不仅会让你工作更加轻松、快速、高质量，还能带给你灵感。

例如：当你要设计可爱的卡通房子时，你看到了平时收集的植物素材，你就可能会联想到蘑菇屋，四叶草电线杆之类。（图1-13）

只要平时养成收集素材的好习惯，你的灵感就不会枯竭。

二、手

1. 美术素养

动画设计师应该具有良好的美术素养，在学习成为动画人之前，要掌握人体结构（图1-14）、透视（图1-15）、阴影表现（图1-16）、色彩基础（图1-17）等基础美术素质。这些美术素养的培养不是一朝一夕的，要融入生活，时时训练。另外，除了扎实的绘画基础，熟练的专业技巧也是成为优秀动画设计师所不可或缺的。

动画创作与一般单幅画创作是不同的，单幅画创作在于抓住人物神情动态最典型、最生动的一瞬间，而动画片中的原画，要把同一角色的形象，画出具有目的性且连续动作的整个运动过程，不仅关键动态要选得准，还要符合运动规律，又要计算出它的速度与处理好动作的节奏。因此，动画创作比单幅画创作难度更大。

图 1-14

图 1-15

图 1-16

图 1-17

不能将动画创作简单地看作只要能画出几张不同形象姿态画面，让动画把中间过程加以连接，能够动起来就行了，这是一种片面的认识。这不是设计动作，只是动态的拼凑，这样拼凑的动作决不会合理、生动。

所以，动画设计师必须努力去掌握专业技巧，并在实践中不断提高、深化，使创作能力达到更高的水平。

2. 动态速写

速写往往是生活和创作的纽带和桥梁。速写作为造型艺术的基本功训练，是一个非常行之有效的手段，是培养初学动画者观察鉴赏能力、研究分析能力、直觉判断能力、灵活抓型能力、形象造型能力、简洁概括能力和画面组织能力的一种极佳的方法和途径。

速写中的动态速写对于动画人更是意义重大，不仅可以更深刻地理解人体结构、透视关系，还能够加强对运动规律的深入理解分析。好的动态速写具有强烈的感染力和张力，能够体现一定情况下的人物性格，是人物设计的一部分。

作为一名动画人，必须持之以恒，每天坚持速写，这对提高自己的绘画水平和动画素养是极有帮助的。（图1-18）

三、脑

1. 丰富的想象力

动画片是一门假定性的电影艺术，作品的创造不是去照搬生活，完全模拟生活的真实，而是以虚拟、浪漫、夸张和想象作为动画艺术创作的特征。因此，具有丰富的想象力是搞好动画创作的重要因素。

例如：日本著名动画片《机器猫》，它让观众几十年如一日地喜爱的重要原因，其中有两点就是它极具想象力的故事题材和天马行空的道具设计。（图1-19）

想象，并不是凭空臆造，丰富的想象来源于知识的广博和丰富的生活积累。古人说，读万卷书不如行万里路。就是这个道理。

图 1-18

图 1-19

见多识广思路便会开阔，实践运用灵感才能发挥。动画是一门艺术，而不仅仅是技术。任何动画的从业人员都应该知道想象力对于动画制作重要性。

想象力是一种意识。它影响到一个人、一个部门乃至一个企业。

在绘制分镜稿时会用到许多大仰大俯的特殊角度和透视连续变化的画法，在进行动作设计的时候要求能正确地把握动态和理解表演，最后用视听语言的规律说出剧本上的故事。如何构图、如何调度镜头、如何通过人物动作来表现角色的感情？这些都要想象力。

美术设计的任务是完成全部的角色造型、场景形象和色彩设计（有时也包括故事板的绘制）。当具备相当扎实的造型能力和色彩的驾驭能力之后，只有充分发挥自己的想象力，才能准确合理的表达自己想要表达的东西。（图1-20）

动作的设计不同于一般的绘画。相对绘画而言，动作是一连串的运动画面的组合而不是一张精致的静止画面。它要体现出角色的运动和情绪，从这个意义上说动作设计更像是表演。而只有发挥了自己的想象力，才能将角色生动地表现出来。

2. 大胆夸张（图1-21）

想象力与夸张是一对兄弟。当动画人开始创作时，他便开始想象，他开始想象了，他就开始夸张。在动画中夸张是一门技巧，而在这里，我们提出夸张，是提出动画人的一种思维方式，一种创作素养。在你打算成为一名动画人的同时，就要把一切局限的思维习惯打破，大胆夸张。

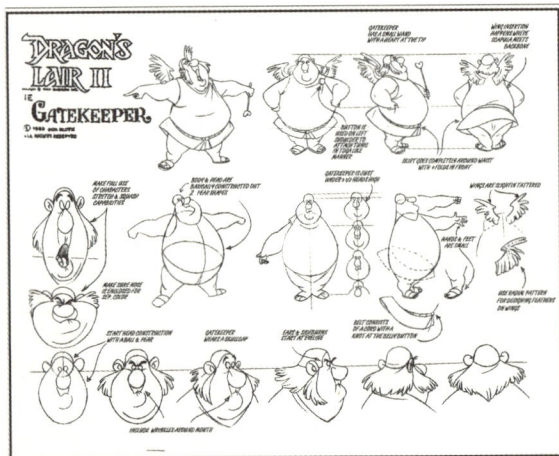

图 1-20

图 1-21a

图 1-21b

第二章　二维手绘动画制作

▶ 学习目标：
掌握原、动画的基本原理和技法，能够绘制出简单的角色动作。

▶ 学习重点：了解并掌握原、动画技法。

▶ 学习难点：

1. 理解原画；

2. 理解轨目（速度标记）的作用；

3. 掌握Photoshop和Premiere的结合使用。

　　作为动画片中历史最悠久、表现方式最丰富的制作技术，二维手绘动画的制作技术经历了各种变革和改进，目前已经达到了相当成熟的阶段。它通过在纸上手绘出原、动画稿，扫描将其数据化，再到电脑里编辑，适合高质量的二维动画片生产。

　　它的表现形式和使用材料有水彩、水粉、水墨、油画、版画、铅笔、蜡笔、钢笔、粉笔等等，不胜枚举；表现手段可以平涂，可以晕染，也可以擦拭，制造朦胧的效果，表现形式自由而开放。

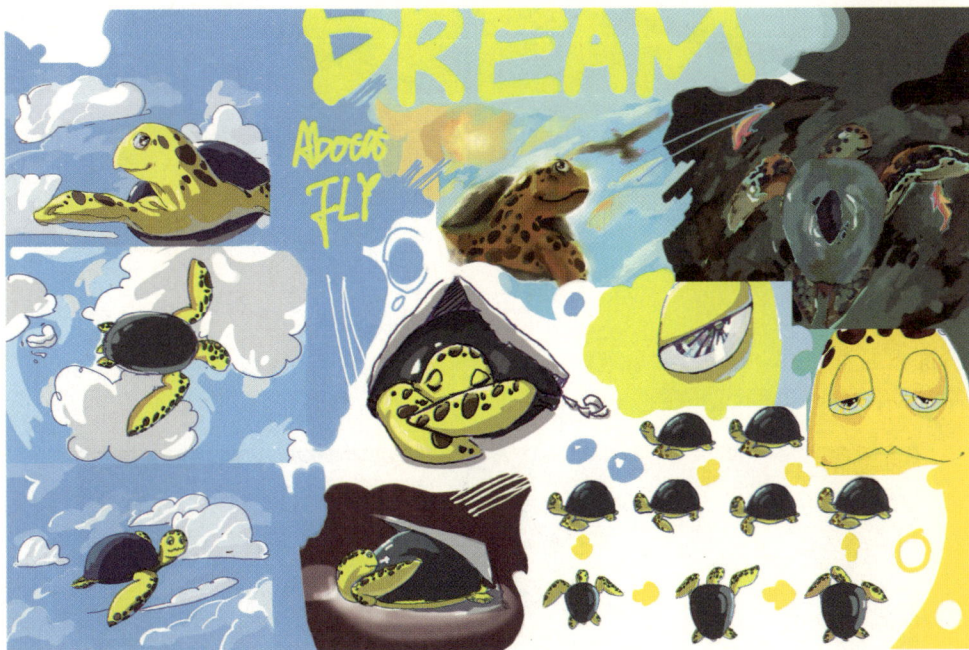

学生作业

▶ 第一节　常用的工具

　　不论是大规模的动画生产还是个人的艺术短片，都不可缺少三件基本的工具。

一、规格框

　　无论是电影还是电视，屏幕都有一定的比例，我们的制作都是在这个范围内展开的。这样就要有一个标准来统一每层的绘制。规格框就是用来统一画稿的大小和比例的。

　　规格框上一般印制12个规格框线，在不同的情况下使用不同的规格。如果没有按照统一的规格来绘制画稿，那么就会影响影片的质量，造成线条粗细不统一。一般动画的绘制把一个镜头中的各层放在一个规格框内绘制。

6~7规格适用于特写和近景；7~9规格适用于中景和全景；10~12规格适用于远景和大全景。（图2-1）

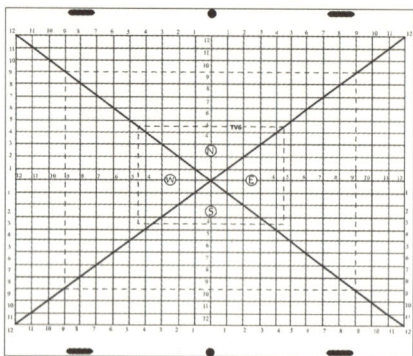

图 2-1a

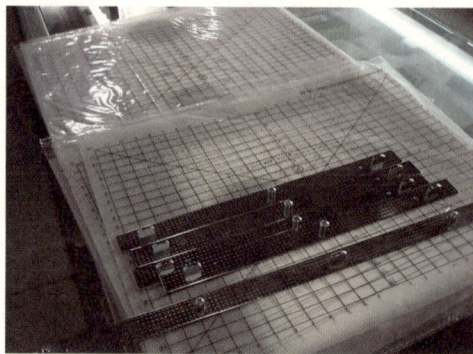

图 2-1b

二、定位尺

定位尺的作用是，在绘制的时候统一画纸的位置，使动画形象不产生抖动。（图2-2、图2-3）

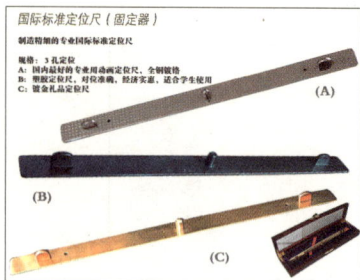

图 2-2

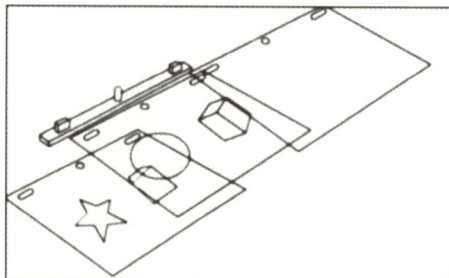

图 2-3

三、拷贝台

拷贝台的台面下面有光源，台面是磨砂玻璃。

绘制时，常把动作的画稿（比如原画）放在将要进行绘制的动画纸下面进行绘制。（图2-4）

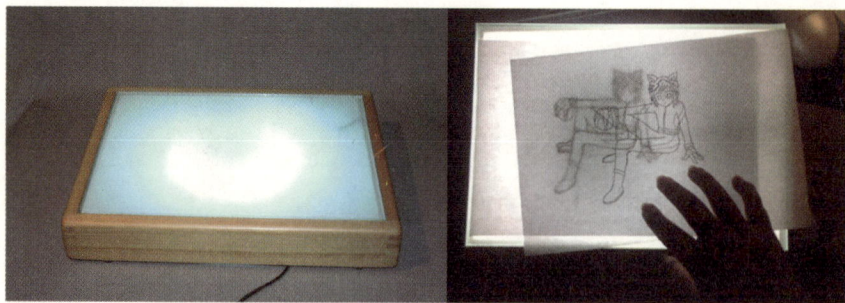

图 2-4

▶ 第二节　设计稿

设计稿创作阶段是处在分镜头台本之后，原画之前。设计稿在商业动画片制作过程中是非常重要的一个步骤。在某种程度上，设计稿是详细和精确的分镜头，每个镜头都需要一套设计稿（包括人物和背景）。在设计稿中，要求为以后工序提供详尽的信息，比如规格框、镜号、背景号、秒数、行为动作、活动范围、运动路线、镜头运动、分层以及其他各方面需要交待给下面工作的要素，原画创作和背景创作只有得到了详细和精确

的设计稿并依据它进行下一步的工作，才能保证各层之间位置、大小比例、运动方向等因素相匹配。（图2-5）

图 2-5

第三节　原、动画技法

　　传统二维手绘动画与现在流行的其他二、三维电脑动画制作不同的地方主要在于，动画片的中期制作中，二维手绘动画拥有明确的原画、动画、中间画的概念。

　　在实际工作中，动画和原画是逐个按镜头来完成绘制任务的。但是，假如要完成一个5秒钟长度的动画镜头，并不只是由一个人从始到终，一张接着一张连续地画下去，直到画完为止，而是为了有利于把握动作的质量和方便于繁复工作的顺利进行，必须将动画和原画分成两道工序。他们在创作上既有分工，又有合作。动画和原画各自有不同的职责范围，担负着不同的工作任务和要求。（图2-6）

图 2-6

一、原画

　　众所周知，只有好的创意才会有好的剧本、分镜，才能制作出好的设计稿。但动画片归根结底是要动起来的，而动作的优劣代表了动画片整体质量的档次。

　　原画（也称动画设计）是动画片里每个角色动作的主要创作者，是动作设计和绘制的第一道工序。原画的职责和任务是：按照剧情和导演意图，完成动画镜头中所有角色的动作设计，画出一张张不同的动作和表情的关键动态画面。

　　概括地讲，原画，就是运动物体关键动态的画面，是一个动作到另外一个动作的关键位置。一个镜头动作效果的优劣，原画起了决定性的作用。（图2-7）

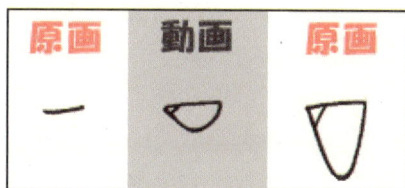

图 2-7

绘制原画要注意以下几点：

1. 对于运动规律的使用和发挥。

2. 表演：揣摩剧本，在原画的创作中融入故事的情节、时间、场景、个性、表情、角色的设定（造型）等等。

3. 时间的掌握——节奏：时间、空间、距离。

另外原画师还要注意摄影表填写的技巧。

初学者在刚开始画原画的时候，不要把角色动作想得过于复杂，应该从最简单的开始，做深入的动作分析，抓住动作的关键位置，调整好动作的节奏和速度。（图2-8）

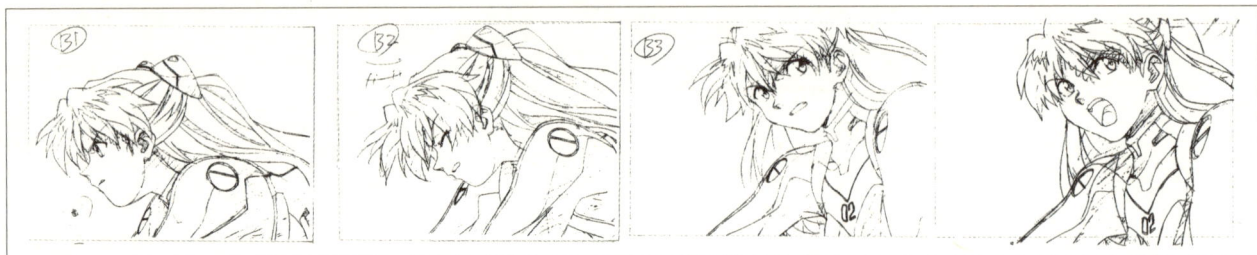

图 2-8

二、轨目（速度标记）

速度的控制是节奏的一个关键部分，没有速度变化的动作是没有节奏的，这样的动作会让我们感觉到平淡无味。所以，加减速度在动作设计里有着非常重要的作用。千万不要把所有的动作做成一个速度和节奏，这是大忌。（图2-9）

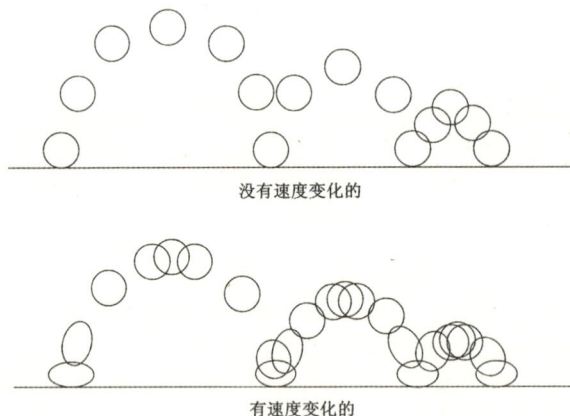

没有速度变化的

有速度变化的

图 2-9

原画在设计动作时，若要表现速度变化的感觉，要使动画员能了解应该在什么地方插入动画张，要画几张动画，就必须有清楚的速度标记——轨目。

某一物体由a点移动到b点，整个移动的路线就是动作轨迹，标示、分配和控制这个轨迹的就是轨目。轨目借着动作线索描述图与图之间的空间关系来表达图与图之间的速度感。原画将设计完成的关键动作（key pose），以轨目标明并定义时间分配，再填入律表的层次栏中，并由动画员依轨目指示，完成动画作业。

轨目一般有中割轨目、等割轨目和偏割轨目等基本形式。轨目中割越多表示动画张数越多，从另一个方面来看，张数越多也代表时间越长、速度越慢。因此中割张数集中于哪一边，就代表速度往哪边降低，利用这种特性，便可设计出动作的速度感（Timing）。因此，轨目的作用，就是设计动作的速度感，确定动作的位置并指定动画的张数。

若只是标示位置，并不能表示动画的张数，因此在轨目上我们必须加以编号予以区别。（图2-10）

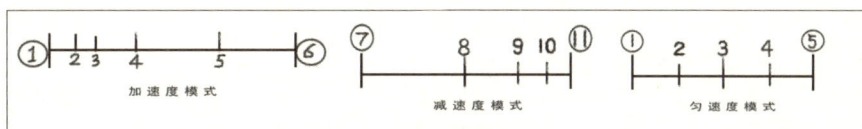

图 2-10

图2-11中带圆圈的数字表示此帧为原画，带三角的数字表示此帧为中间画，数字本身表示的为动画。这些是约定俗成的标记。

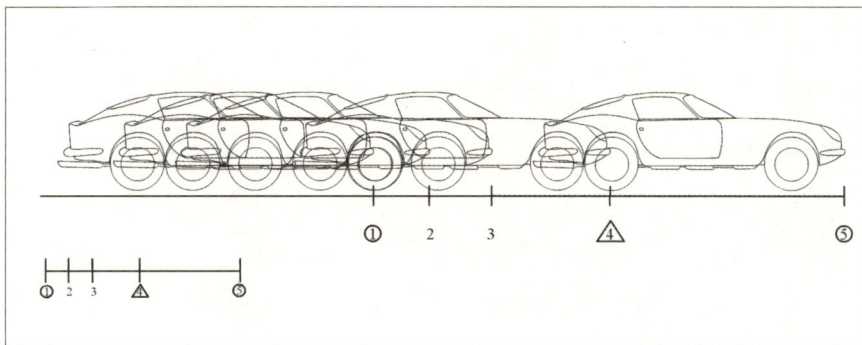

图 2-11

三、动 画

动画是原画的助手和合作者。动画的职责和任务是：将原画关键动态之间的变化过程，按照原画所规定的动作范围、张数及运动规律，一张一张地画出中间过渡的画面来。

每个镜头中，角色的连续性动作，必须先由原画画出其中关键性的动态画面，然后才能进入第二道工序，即由动画来完成动作的全部中间过程。

概括地讲，动画，就是运动物体关键动态之间渐变过程的画。

动画与原画相同的是，都在运动规律的前提下进行创作。不同的是，原画在创作的过程中有很大的想象空间，而动画则必须在原画规定的范围内进行创作。

在专业的动画公司里，对动画的要求是绘制好镜头中每一张动作的中间张，线条要准、挺、匀；造型比例要准确；口型、表情要符合摄影表的要求；动作的中间过程要合理，要符合动作的运动规律。如图2-12、图2-13，1、5为原画，3为中间画，2和4为动画。

图 2-12 作者：严定宪　林文肖

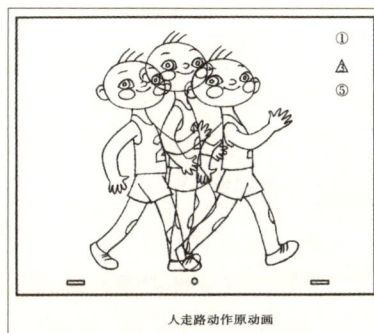

图 2-13 作者：严定宪　林文肖

第四节　层和摄影表

在上一节了解了原画、动画的创作技巧后，这一节进一步介绍动画片制作中必须掌握的另外两种重要技巧——分层和摄影表。

一、分层的技巧

迪斯尼最先发明了层。层在手绘动画片技术中是很重要的，无论是对工作效率还是艺术效果，层都有很大的用武之地。层的概念很简单，在每一层上面绘制本镜头的部分元素（没有绘制的地方是透明的），这样把若干层叠放起来，上面层的透明处可以透射出下面层的内容，最终显示综合画面效果。传统动画是在透明的赛璐璐片上分层绘制人物和运动背景，现在都是在电脑中实现分层的手法。（图 2-14）

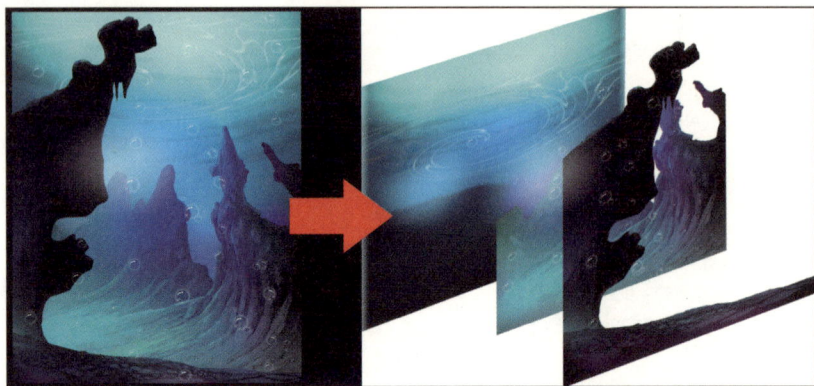

图 2-14

有了层，可以把本镜头内不动的内容绘制在一个层上面，而把运动的内容绘制在另一层上面，这样就不必每层都绘制所有的内容了。而不同的层可以实现不同效果，比如表现火车上面看到窗外掠过的树林，近处的树运动较快，远处的树运动较慢，可以用层来分出远近的树木，分别进行运动速率的设置，产生真实的效果。

二、摄影表的技巧

摄影表的纵向代表帧，横向代表层。图中A、B、C、D、E、F、G分别代表一层，BG代表背景层。摄影表明确了每一张动画需要拍几格、各层的关系以及其他一些信息，是各项工作的重要依据。速度标记和摄影表是原画师提供的包括动画步骤的重要信息。（图 2-15）

片名	#	镜号	长度		原画师	页次
			"+	K		

动态	对白		A	B	C	D	E	F	G	BG	拍摄说明
		1									
		2									
		3									
		4									
		5									

图 2-15

第五节　扫描

因为上色现在普遍是在电脑里完成，所以首先需要把画稿输入电脑。扫描仪是最常见的动画稿输入设备。在扫描之前，需要把定位钉固定在扫描仪的适当位置。每张动画稿都要套在定位钉上才能扫描，以免位置有偏差。动画的扫描要求不同于一般扫描。因为在绘制时就遵循每张画稿之间的严格对位，所以在扫描时也必须保证每张之间的严格对齐，因此，需要用定位钉来保证位置。（图 2-16）

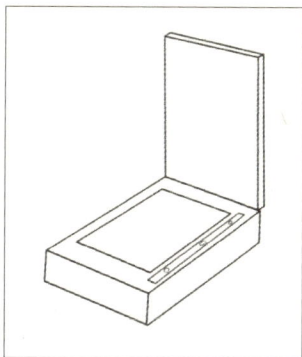

图 2-16

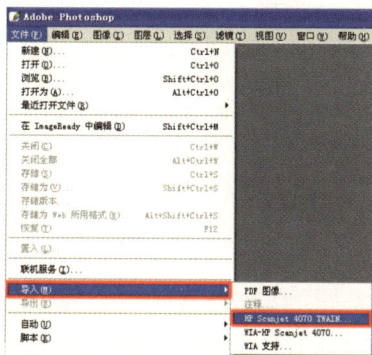

图 2-17

一、在Photoshop中扫描

Photoshop作为常见的图像处理软件，被广泛用于调用扫描仪以及直接编辑扫描结果。下面介绍在Photoshop里使用扫描仪的操作方法：

步骤1：打开Adobe Photoshop，在"文件"→"导入"中选择扫描仪类型。（图 2-17）

步骤2：启动扫描界面开始扫描。在扫描前需要明确扫描的分辨率以及扫描大小。如果最后的成片在电视上播放（720×576），那么扫描分辨率200dpi已经足够；如果要输出成胶片或者高清，那么扫描分辨率需要300dpi或者以上，具体看规格框的大小。扫描分辨率采用多少可以通过实验得知。可以通过Photoshop以一定数值的分辨率扫描一张，只要扫描后得到的图像分辨率达到720×576（电视）或者1920×1080（高清和电影）即可。分辨率宁大勿小。扫描区域大小严格按照本画稿所用到的规格框来进行，这样在以后Adobe Premiere的工作中会减少许多不必要的麻烦。扫描时采用256级灰度扫描。

步骤3：扫描图片完成后，就可以进行保存了。点击"文件"→"存储为"，保存图片。可以根据Photoshop强大的存储功能将图片保存为各种格式，如 BMP、JPEG、TGA 等。

二、线稿的处理

扫描后的线稿，因为画稿用纸以及其他因素，可能会出现杂色区域，如图2-18左边的那幅。

针对这样的情况，可依照以下方法处理：

点击"图像"→"调整"→"去色"。去色以后，依次点击"图像"→"调整"→"色阶"，弹出色阶对话框。调整输入色阶中的三个三角游标，使图像变得干净。如果图像中还有杂质，可以用橡皮擦擦掉。（图 2-19）

在Photoshop中修改扫描所得的图像还可以尝试以下几个简单、有效的工具：

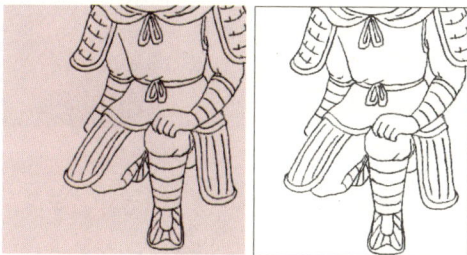

图 2-18 去杂点前后的比较

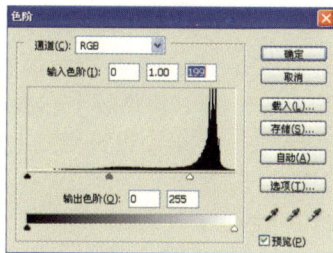

图 2-19

1. "曲线"工具

依次点击"图像"→"调整"→"曲线"。"曲线"的主要功能是用于调整图片整体的明暗程度，对于一些色阶处理不干净的线稿，可以用它来进一步细调。

2. "可选颜色"工具

依次点击"图像"→"调整"→"可选颜色"，其主要功能是用于调整局部色彩，可以在所列颜色中加大一定的比例来调整图片颜色。

第六节　上色

动画绘制扫描好以后，进入上色阶段。从上色开始，工作将在电脑中进行。许多个人创作者无力负担购买专业动画制作软件的昂贵费用，所以在这里我们用最常见的Adobe Photoshop来介绍动画制作中的上色环节。

一、平涂上色

步骤1：在Photoshop 的工具栏中选择油漆桶工具，并选择合适的颜色，在封闭的曲线中单击，填充前景色。如果填充一次还有轻微的白边的话，可以再次单击填充。运用油漆桶的前提是：要求在绘制线稿时，要填充颜色的区域是封闭的曲线。如果线条没有闭合，也可以配合笔刷工具来完成。

步骤2：必须明确，动画一般对多张序列帧（图）进行上色，所以同一个角色的颜色前后必须统一，因此，需要一个参考图像来进行颜色采样。首先对序列帧的第一张上色，然后把它置于适当位置，并且在整个序列帧上色的过程中始终打开它作为上色参考。具体的过程是：选择油漆桶工具，按住键盘上的Alt键，鼠标变成吸管工具图标，点选要采集的颜色，会得到所需的前景色，这时再放开Alt键，对相应区域进行填充。这种选择颜色的方法是动画上色中最常用的，也是许多专业动画软件的首选上色方法。（图2-20、图2-21）

图 2-20a

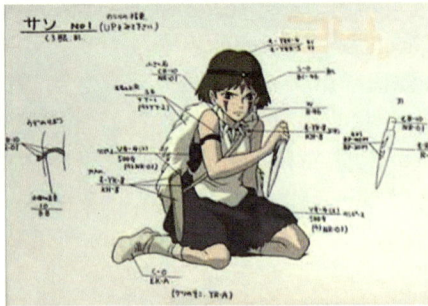

图 2-20b

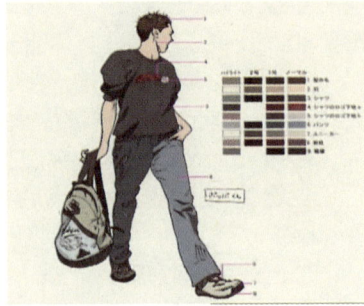

图 2-21

二、手工方式上色

在有些情况下（比如绘画风格需要），需要用鼠标或者手绘板手动上色。（图2-22）

在Photoshop的工具栏中的笔刷工具有许多笔刷模型，图2-23中的效果就是使用其中的一种笔刷。在使用笔刷上色时最大的问题就是颜色笔刷会不会覆盖线稿。在Photoshop中常用的解决方法是：线稿作为一层（线稿层），在它上面新建一层（颜色层），并在图层面板中的下拉菜单中选择"正片叠底"。这样在颜色层中进行手工上色，就不会覆盖线稿了。

图 2-22

三、分层制作

在制作动画片的过程中，经常需要分层制作，这就要求前层的、没有绘制的区域是透明的。在Photoshop中编辑作为前层的画稿时，需要给图像文件添加Alpha通道。所谓Alpha通道是一个256级灰度图，它起到一个遮罩的作用，一幅位图如果包含有Alpha通道，那么在Alpha通道中的黑色区域是此位图的透明区域，白色为不透明区域，而灰色依据其深浅决定其透明的程度。（图2-24）

添加Alpha通道的步骤如下：

步骤1：首先建立选区，该选区内的画面将来会是不透明的部分。（依据画面的内容，选区的建立有很多种方法，可以用魔术棒工具选取，也可以用"选择"→"色彩范围"依据颜色选取。）

图 2-23

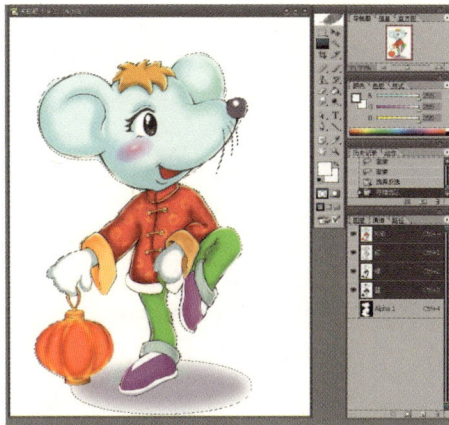

图 2-24

步骤2：把图中除小老鼠之外的白色区域设为透明区域。在工具栏内选择魔术棒工具，点选白色区域建立选区，如果有漏掉的，可以按住Shift键继续点选要添加的部分。也可以"选择"→"色彩范围"，在弹出的对话框中点选要选取的区域，Photoshop会自动依据颜色值选取色值相近的区域，这对于需要选取的区域相对分散的情况很有效。（图2-25）

步骤3：然后选择按"Shift+Ctrl+I"，反选区域，得到未来的不透明区域。单击工具栏中的快速蒙版，这时会发现图中将要透明的区域变成了浅红色，同时在通道面板中出现了一个新的通道，这就是Alpha通道。（图2-26）

注意：在选择透明范围时，为了避免在合成时前景会出现白边，可以适当扩大透明选区。小图标中黑色区域表示透明区域，白色表示不透明区域。含有这个通道的图像文件在Adobe Premiere等剪辑或者合成软件中会实现特定区域的透明。

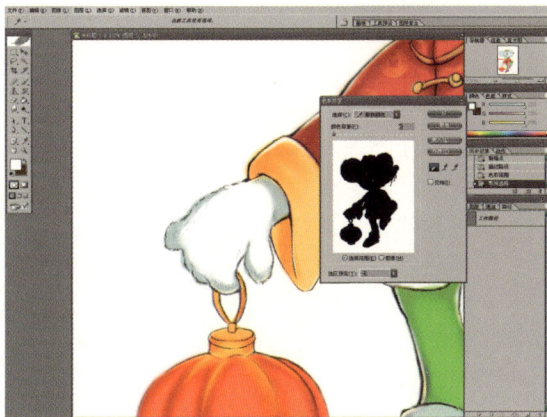

图 2-25 用color range 来选取白色区域

图 2-26

图 2-27

步骤4：编辑完成后，点击"文件"→"存储为"，选择Targa (*.TGA；*.VDA；*.ICB；*.VST)，并选择适当保存路径，单击"保存"。在弹出的Targa Option对话框中选择32bits/pixel（带通道），单击OK按钮。

TGA和TIFF格式的文件都是可以带Alpha通道的，并且都可以被大部分的剪辑合成软件识别，是视频编辑比较常用的格式。

添加Alpha通道还有一个很好的方法。将上好色的图层合并，删掉不必要的白色部分（图 2-27），最后将其存储为PNG格式。将图片导入合成软件之后，图片没有内容的区域就是透明的。PNG格式可以记录图片透明区域的信息，实际上也就是记录了通道。这样做的好处是：我们可以细致地将图片的外轮廓修正干净，以免将来分层导入合成软件之后，图片的边缘有白色没修干净的部分。目前大多数的的剪辑合成软件都可以识别PNG格式。

◢ 第七节　二维手绘动画的制作流程

前面已经介绍过动画前期的准备，下面直接切入中期制作。

有了分镜头台本，就要进入设计稿的创作阶段。设计稿的概念在前面已经介绍过，它必须提供给后面原画和背景设计等工序足够的信息。在个人创作中，设计稿可以灵活一点，但有几个因素需要明确：详细的构图、人物动作、镜头运动方式以及层的安排和运动。

镜头的运动方式一般可以在设计稿上标示，对于比较复杂的镜头运动方式可以配上运动指示线和文字说明。

如果一个镜头内有多个层，那么应该明确每层的位置和运动方式。例如图2-28，一个女战士受到攻击后空翻着地，镜头采用水平横移跟拍女战士。在绘制之前，必须明确如何实现镜头的跟拍，以及背景和前景的关系，这就是设计稿所要完成的任务。对这种情况，一般采用如下方法：设计好人物的空翻和着地动作；通过前景的反向移动来体现镜头的运动，如图，镜头是向右移动，那么背景就要向左移动才能体现镜头是在右移；前景的树用相反的横移来实现。在这里采用四个层完成此镜头的制作。在后面的工作中，目的便很明确了，一个前景层、一个背景层、一个爆炸动画层和一个人物的动画层。

图 2-28

之所以要分开为四层而不是统一在一层里面是因为要对前后两个背景层进行不同速率的运动，这样看起来前后有空间感，显得丰富而活泼。各层的运动是这样的：背景层是最远的景物，所以其移动速度是最慢的；前景层的速度比背景要快，因为它是离镜头最近的，相对速度较快。以上两层的运动是为了模拟镜头因为横向运动而产生的透视变化。人物层的运动速度是由人物运动速度决定的。（图2-29）

设计稿完成之后，就进入原画绘制阶段。原画是动画片制作中非常重要的步骤。角色的造型、动作都是在这个步骤产生的。要绘制出好的原画，必须有扎实的绘画功底和熟练的动画技巧。原画绘制前，必须熟悉角色造型和人物性格，对设计稿进行认真研究。原画在动画片创作中属于二度创作。它的性质更像是电影中的演员表演。设计稿所给的提示就像电影拍摄中导演给演员的大体要求一样，无非是角色的走位和运动形式，具体怎样表演，还是由原画自己来完成。在绘制前，脑子里面需要对将要表现的动作有清晰的想象，然后抓住其中的关键动态，画成原画。相比于动画来说，原画的张数少。一秒钟的动画，原画一般只需要3~6张。（图2-30）

图 2-29

图 2-30

　　原画绘制好以后，是加动画的工序。在加动画之前，需要填写好摄影表，这是原画师的工作。同时在多人合作的时候，摄影表成为动画绘制、动作速度和时间安排的主要依据。

　　加动画时，需要明确在原画之间的什么位置加。一般原画师会有提示。在动作幅度比较大的情况下，为了提供给动画师足够的信息，可以适当增加原画数量。原画师同时应该提供给动画师速度标记。（图2-31）

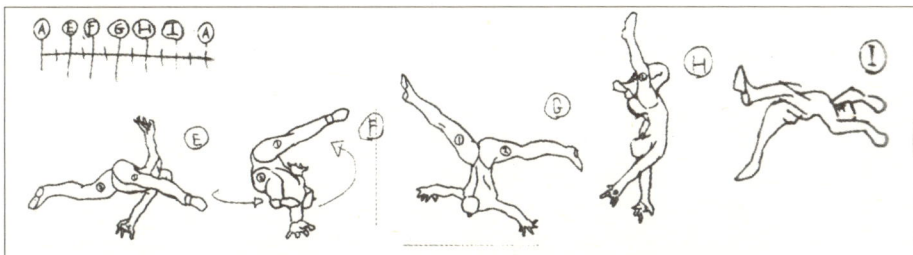

图 2-31

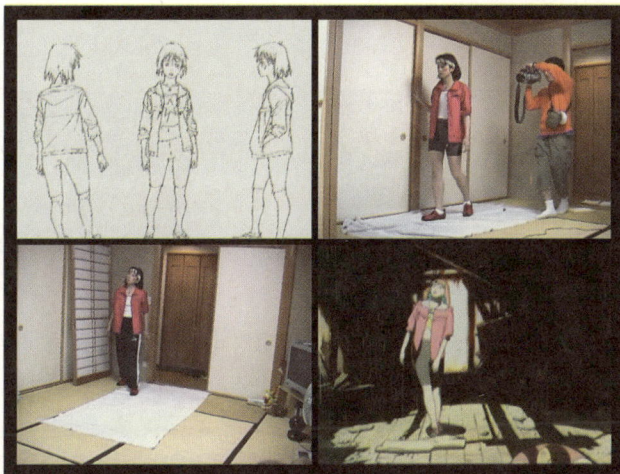

图 2-32

有些时候，动画作者想要表现一些很写实的动作，或者是对动作的真实性有较高的要求，这时就要用到真人演绎的方法了。首先用DV机拍摄，再进电脑逐帧将动作调整描绘下来。很多日本动画都用过这种方法，甚至于《黑客帝国动画版》也用了类似的方法。（图2-32）

接下来的步骤就是扫描动画稿、上色以及绘景。（图2-33、图2-34）

图 2-33

图 2-34

第八节　Premiere与Photoshop的配合使用

画稿在Photoshop中编辑完成后，就可以进入Adobe Premiere中进行合成和编辑了。虽然Adobe Premiere并不是专门的动画软件，但是它的强大功能对艺术动画短片的制作还是绰绰有余的。

一、合成

步骤1：启动Adobe Premiere pro2.0，进入主界面。在把画稿导入素材窗口中之前，需要对导入时间线上的默认时长进行修改。

步骤2：选择"Edit"→"Preferences"→"General and Still Images"，在弹出的窗口Preferences中的默认静帧图像持续时间输入框中输入适当的数值。

注意：这个步骤最好在导入素材之前进行。（图2-35）

这个数值代表画稿素材拖入时间线上时默认的帧数。设置为2，代表画稿被拖入时间线上的长度为2帧，即"一拍二"。当然，如果你的动画是以"一拍三"为基准的，这个数值应该设为3。

步骤3：在素材窗口中导入在Photoshop中做好的画稿。因为动画的画稿素材比较多，所以建议对这些画稿进行分类管理，不同的层可以放到不同的文件夹里面去。（图 2-36）

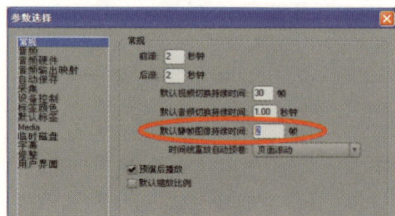

图 2-35

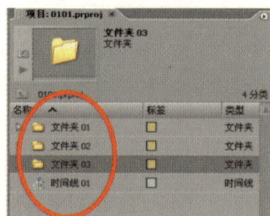

图 2-36

步骤4：把画稿素材按顺序导入进时间线上，等待下一步的精细调整。在这里，要注意画稿素材应该导入哪一轨。Adobe Premiere的视频轨在做动画时和动画技术中的层的概念是一致的。其中，视频轨1是作为背景层，而视频轨2以上的视频轨为前景层，并且越靠上就越代表前面的层。如果视频轨不够的话，可以选择"Timeline（时间线）"→"Add Video Track"以添加新的视频轨。在导入画稿之前应该首先明确画稿应

在的层是哪一层。（图2-37）

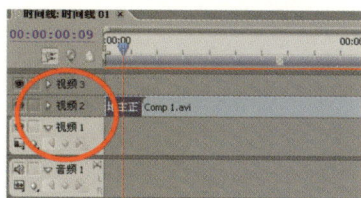

图 2-37

有些画稿不一定"一拍二"，所以要对这些画稿进行单独的调整。在调整之前，最好把时间线左下角的Time Zoom Level值设为最小值1 Frame，这样才能进行精细的调整。

步骤5：利用工具中的Selection Tool拖动画稿的边缘来调整本画稿的拍摄长度。在整个调整过程中，Selection Tool可以选择本视频或音频及以后的所有在本单轨上面的视频或音频，同时按住Shift可以加选本视频或音频及以后所有轨上面的视频和音频。

步骤6：时间调整好以后，可以进行层的运动了。动画中层的运动多为单幅图片的运动（如背景层的运动），而单幅图片在时间线中表现为一段视频。Adobe Premiere对单段的视频的运动处理主要集中在Motion Settings窗口中进行。（图2-39）

图 2-38

如果动画层中的动画内容以多个视频（画稿）表现，想要对其进行统一运动，有两种做法：

（1）以前的做法是把这段动画输出成为序列帧，然后重新以一段视频导入，接着再进行对此单段视频的运动操作。步骤如下：①双击素材窗口空白区域或者选择菜单中的"文件"→"输入"→"文件"，弹出Import对话框；②找到序列帧的路径，单击序列帧的第一帧，并勾选"序列图片"，单击打开；③整个镜头的序列帧，已作为一段动画视频被导入素材窗口中了。（图2-40）

图 2-39

（2）在Adobe Premiere Pro2.0里，我们还可以直接套用在外层的时间线序列上。首先，新建一个Sequence 02，将要进行统一运动处理的多个视频（画稿）拖入Sequence 02放好，再将Sequence 02拖入Sequence 01，这时，Sequence 02在Sequence 01里作为单段视频存在。

步骤7：下面以一个最简单的背景平移运动来介绍Adobe Premiere的运动设置。背景画稿如下图。假设已经在时间线上放置好这张背景画稿，并已经调整好时间（帧数）。右键单击要做运动处理的视频，在Motion Settings窗口中便出现了参数。

注意：在Adobe Premiere 6.5里，Monitor窗口中背景会变形。这是因为这幅背景并不是按照规格框规定的4：3的比例绘制的，而Adobe Premiere 6.5在处理所有导入时间线的视频时都要变成4:3的比例，这样，背景图被拉伸变形了。要还原原有的比例，在时间线中右键单击本视频，选择"Video Options"→"Main"→"tain Aspect Ratio"，这样背景比例就还原了。

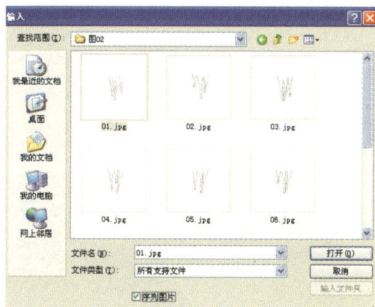

图 2-40

图 2-41

图2-41左边为特效控制窗口，右边为节目预览窗口。节目预览窗口中本视频的运动方式是自左向右的平移运动，显示出橡皮筋即运动路径，在特效控制窗口中红色椭圆形区域内则是开始和结束的两个关键帧。

首先停止播放以利于编辑。时间设置是在右边空白长框内进行的，长框的宽度代表本段视频的长度。可以拖动播放游标来浏览本段视频。空白长框内每一个横向区域都可以创建、定位关键帧。

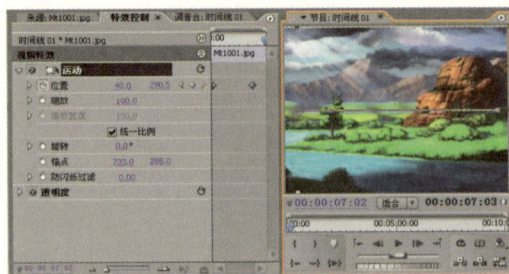

想设定本段视频的某帧为关键帧，可以让游标停在此帧上，单击运动设置前的'固定动画'，在空白长框里出现节点，表示此帧已经被设为关键帧。要再加一个关键帧可点击"添加/删除关键帧"。

在本例中，对背景的运动要求为：背景从左往右平移，在视频总体长度的四分之三处运动到画稿的最右端，在余下的四分之一的长度中定格。首先遇到的问题是：可能画稿不足以填满整个预览窗口。将游标定位到开始帧，然后按住鼠标拖动缩放数值，放大开始关键帧，也可以直接键入数值，直到画稿的高度与预览窗口的高度吻合。接着在预览窗口中拖动背景图片，将其右边缘对齐预览窗口的右边缘，打开'固定动画'。这样开始帧的位置和大小便确定了。将游标定位到整个视频的四分之三处，接着在预览窗口中拖动背景，将其左边缘对齐预览窗口的左边缘，最后单击"添加/删除关键帧"添加关键帧。（图2-42）

图 2-42

这样，背景平移便完成了。

在Motion Settings窗口中还可以设置视频的旋转、形变、加减速运动等，基本的动画技术在这里都可以实现。

一段动画做好了，可以输出序列帧保存备份，一般输出TGA文件。

说明：针对个人电脑的局限性，也有很多人用100%无压缩的jpg来代替TGA，这也是不错的方法，一方面图像质量几乎没有损失，一方面文件体积大大地缩小了。以高清质量的1920×1080的图像为例，TGA格式的文件大小为5.98M，JPG文件根据图像的复杂程度有所不同，一般在1.5M以下，这在庞大数量的处理过程中是相当有利的。

二、输出

最后介绍一下动画片的输出。目前最常用的输出软件是Adobe Premiere。事实上，有很多的应用软件可以作为最后的编辑和输出软件，比如Avid，Macintosh上的Final Cut pro等。这些软件输出模块的使用大同小异，在掌握了Adobe Premiere以后，别的软件就可以触类旁通了。

输出的目标介质有很多，比如VHS录像带、Beta带、DV数字带、胶片等等。不同的介质有不同的用途。这里将集中介绍个人电脑常用的一些输出方式，主要包括各种数字视频格式和DV带输出。

数字视频特指采用各种压缩算法，并且可以在个人电脑上储存和播放的视频。最常见的格式有AVI、MPEG、MOV等。

打开Adobe Premiere，调出一个项目（假设已经存在一个动画片项目）。单击文件→输出→影片。在弹出的菜单中单击设置，弹出输出设置（Export Movie Settings）窗口，这时，就可以在里面设置各种格式的参数了。弹出的默认界面是General设置界面。在文件类型File Type的下拉菜单中，有很多的文件类型可供选择。

针对于动画成片，有三种文件格式最为常用：Microsoft AVI、QuickTime、Microsoft DV AVI。Microsoft AVI是Windows平台上最为常见的视频格式。它有很多不同的压缩算法。各种压缩算法有自己不同的特点，使用的对象也不尽相同，需要用户自己去选择。比较常用的压缩算法有Indeo Video5.10（生成文件的大小和质量比较令人满意）、Microsoft Video 1、Microsoft RLE、Cinepak Codec by Radius等等。这些压缩算法的选择可以在Video设置界面，在压缩方式下拉菜单中选择。下拉菜单中压缩算法的种类取决

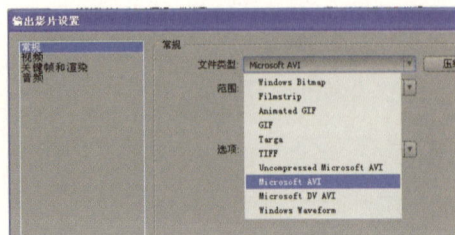

图 2-43

于电脑中所安装的压缩算法程序。这些压缩算法程序的来源可以是免费下载的，有的是随特定的硬件附送。QuickTime格式最早是Macintosh上的专利，后来鉴于这种格式的优点，被推广到Windows平台上。这类文件格式的后缀为MOV，而且有特定的播放器QuickTime。同样，QuickTime格式也有许多压缩算法，比较常用的是Sorenson Video、Motion JPEG A和Motion JPEG B。至于Microsoft DV AVI是适用于DV数字带输出的一种新型AVI格式，这种格式像质较好，但体积很大。（图2-43）

把动画成片保存在磁带上进行传播是目前比较正式（比如参加动画节、送交电视台）的方法。由于近几年来数字技术的蓬勃发展，DV数字带也成为比较正式的传播方式之一。DV数字带尽管与Beta数字带相比还有一定的差距，但是其硬件价格是广大艺术动画片创作者可以接受的。要想把动画成片从电脑上输出到DV带上，至少需要的硬件有DV录像机和DV采集/输出卡。一般的DV摄像机实际上都是摄录一体机，可以作为DV录像机使用；DV采集/输出卡以火线接口（IEEE 1394标准）作为电脑和DV的联系，进行采集和输出。把编辑好后的动画成片输入到DV数字带上比较容易，步骤如下：首先连接好DV录像机和电脑，打开DV机至VCR档。启动Adobe Premiere并打开工程文件，选择File→Export Timeline→Export to Tape，在建立预览的过程之后，在弹出对话框中单击OK按钮，输出过程便开始了。

当然，专业的输出要求更高。比如Beta带，它是电视台节目储存和播放的基本介质。假如要输出到Beta带上，就不能用AVI和MOV文件了。一般的做法是把编辑好的Premiere文件输出为无压缩的序列帧，然后到Beat机上录为Beta带。

思考题：
在选择透明范围时，怎样避免在合成时前景会出现白边？
练习题：
1. 设计与分配一段运动动作，并且画出速度标记轨目，标明哪些是原画，哪些是动画，哪些是中间画。
2. 利用原、动画的技法，分别设计并绘制3组不同的走、跑、跳的动作。

第三章　二维无纸动画制作

▶ **学习目标：**

能够制作出简单的Flash动画。能够在老师的指导下，独立制作一个小短片。重点在于从流程的角度去掌握软件的使用，而不是单纯地学习案例。每个案例学完之后一定要用所学的知识举一反三，相同的动画也可以通过节奏的变化产生新的感觉。

▶ **学习重点：**

1. 补间动画的原理和制作方法；
2. 引导动画；
3. 补间动画和逐帧动画的配合使用，将补间动画转化为关键帧；
4. 合成中的各种技巧。

▶ **学习难点：**

1. 逐帧动画的制作；
2. 动画段落的合成。

目前因为制作成本和电脑性能提升的关系，大部分二维动画生产都部分或全部地采用了电脑制作。随之而来的就是二维动画生产方式的改变，这直接体现在动画的制作工艺上。

传统的动画制作是在纸面上通过一张张地绘制原、动画来完成的。"无纸动画"一词主要是相对于传统动画来说的。"无纸动画"又能理解为"计算机二维动画"，它的特点首先就是体现在无纸上。在无纸动画生产的工序里面，基本上是不用传统的纸面绘的。所有工序都是在电脑里面绘制完成，其中包括设计并绘制形象、设计并绘制场景以及动画的合成。其次，无纸动画的发展和普及依赖了二维动画软件里"中间画生成"（又叫补间动画）的技术。利用电脑对两幅关键帧进行差值计算，生成中间过度的画面，所以可以大大提高生产效率。

目前我国除了用传统原、动画方法生产的二维动画外，还有相当数量的二维动画是利用Flash软件来生产的（图3-1）。Flash是大家比较熟悉的软件，用Flash制作动画会大大降低制作成本，它对电脑的配置要求很低，在电脑技术上对动画师的要求也不高。由于上述的特点，Flash很快就被国内的动画公司所接受。目前在Flash的使用上已经不是当年"闪客"时代的简单概念了，很多公司经过自己的尝试已经把过去传统动画生产的经验融合了进去，达到了生产速度和作品质量都令人满意的结果（图3-2）。二维无纸动画软件中较有名的还有Toonz，它是加拿大的一款二维矢量动画软件（图3-3）。从软件架构上来说，它属于模块化软件，节点式操作。并且它还带有摄影表和内部的虚拟摄像机功能。过去传统的动画制作团队能够很快地适应它。

图 3-1

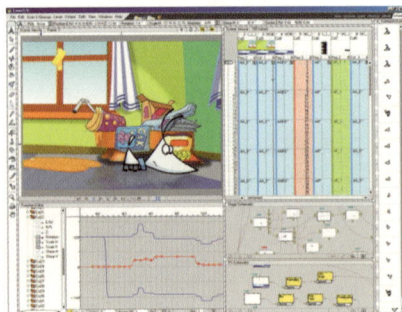

图 3-3

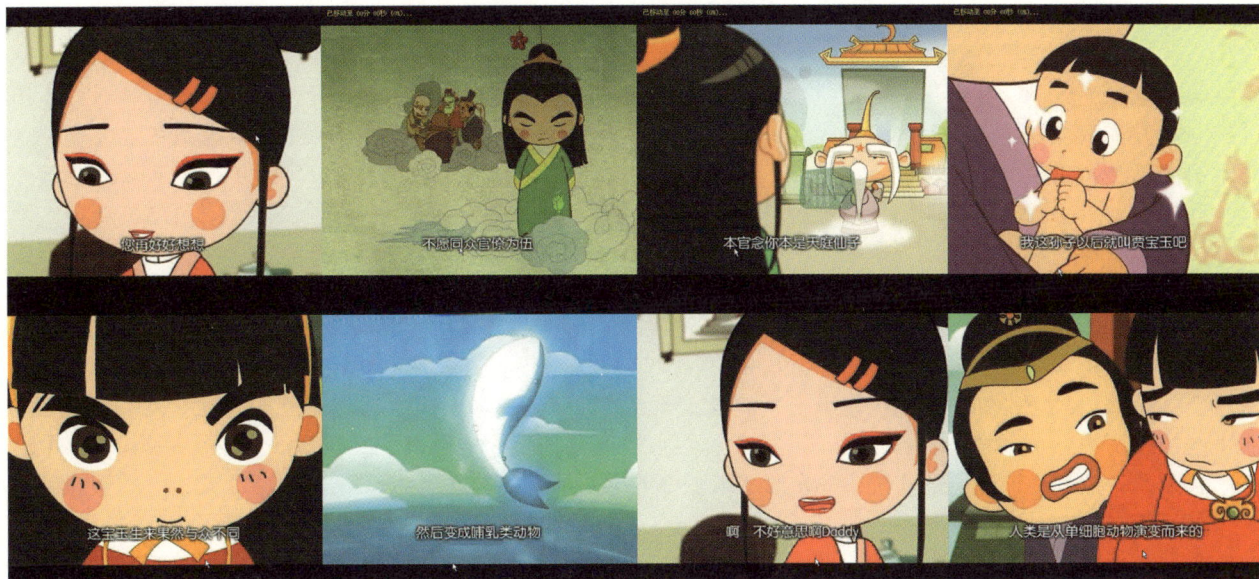

图 3-2

由于本书主要是从动画制作技法的角度来介绍Flash，所以关于Flash的基本操作在这里就不做过多的介绍了。Flash是一个综合软件，它可以制作矢量的图片及文字、网页、二维动画，通过ASP脚本制作交互式动画以及游戏等等。

利用Flash生产二维动画在工序上大体可以分为形象、绘景、动画制作以及合成四个部分。形象和绘景又可统称为美工。

第一节　形象

一部优秀的动画片一定会有好看的动画形象，动画形象是动画片的演员，它的好坏直接影响影片的质量和日后观众对影片的认知度。

一、绘制角色

Flash本身的绘图能力十分的强大（图3-4），绘制主要是用其直线工具和选择工具来完成（图3-5）。绘制时先用直线绘制角色的大体外形，再用选择工具将直线调节成不同的弧线。线条绘制完毕之后就是填充颜色，Flash本身的渐变色工具足够绘制出一个好看的形象。（见光盘中的相应文件）

作者：合肥同人动画

图 3-4

图 3-5

　　在这里需要强调的是，绘制的时候一定要用"组（group）"的方式来完成，这直接关系到后面的动画制作。（图3-6）但并不是每一个部分都需要分成独立的组。分组的基本原则就是，如果该部分有动作的产生就要分成组来绘制。比如一条胳膊应该由上臂、前臂和手三个部分组成。没有动作产生的部分就可以不用分组。需要注意的是，"组"太多会大量占用电脑的系统资源，从而导致制作上的不便。最直接的体现就是导致预览延时和播放时跳帧。

　　在同一图层中，当前绘制的线条穿过其他线条或图形时，会把其他的线条或图形切割成不同的部分；同时，当前线条本身也会被其他线条和图形分成若干部分。为了不破坏画面，就需要将图形化零为整——群组画面（Ctrl+G键），被群组的部分会用蓝色外框表示。当需要对群组对象进行编辑时，可以使用Ctrl+B键打散，或者是双击群组对象进行编辑。

　　建立一个组很简单。选中一个或几个物体，按"Ctrl+G"就可以建立一个组了。"组"在Flash里面是一个主要的概念。大家都知道，图层是有上下的层次关系的。而组在同一图层上也有上下的层次关系。一般先建立的组在下面，后建立的组在上面。后建立的组可以覆盖先建立的组。我们选择一个组之后，可以通过菜单里修改→排列→选项里的几个命令来改变某个组的上下层次关系，也可以用"Ctrl+↑或↓"的快捷键来操作。

　　在绘制角色时，仅仅绘制一个角度是根本不够的。应该根据动画项目的需要绘制一些不同的角度，以方便后面的合成（图3-7）。表情和手部的动作也应该根据需要来绘制不同的样式（图3-8）。

作者：合肥同人动画

图 3-7

作者：合肥同人动画

图 3-6

图 3-8

第二节　绘制背景

通常根据实际项目的需要，背景大致分为矢量背景和位图背景。

矢量背景就是用Flash绘制出来的背景（图3-9）。和绘制角色一样，分"组"绘制。（见光盘中的相应文件）

图 3-9

图 3-10

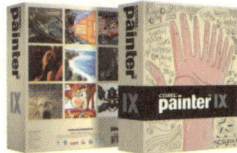

图 3-11

位图背景就是用Photoshop（图3-10）或者Painter等位图软件绘制出来的背景（图3-11）。利用Painter绘制背景的时候要将文件存储为PSD格式，这样才能被Photoshop读取。在用位图软件绘制背景的时候一定要在前期设计好美术风格。因为表演的角色是用Flash制作的矢量图，如果背景的笔触太多，颜色的变化太过复杂就会影响到整体的美感。这样很可能让观众感觉角色和背景不协调，或者角色显得很平。在绘制背景的时候一般是按照镜头设计的要求分层绘制。

另外，合理地控制位图文件的大小也很重要。一般来说，100dpi~200dpi的像素就够了，这可以满足一般的电视播出需要。有些背景源文件可以绘制得大一点，这样在切到一些中近景和特写的镜头时可以经常调用，减少工作量。

第三节　动画的制作

虽然动画有平面的、三维的，以及各种不同的表现技巧，但其本质不外乎是motion（运动），而运动的来源则是每一格画面与它之前或之后的画面之间微妙的差异，这些微妙的差异因"视觉暂留"的视觉生理缺陷而产生了连续运动的"幻觉"。所以说"每一格画面与下一格画面之间所产生出来的效果，比每一格画面本身的效果更为重要"。人类肉眼视神经的反应速度，其时值是1/24秒，电影胶片的播放速率为24格/秒。因此，我们可以欣赏到鲜活的画面。

传统的动画是在纸面上一张一张绘制连续的画面来让画面产生运动。电脑动画的原理则是由动画师设定keyframes（关键帧）——动作的起始与结束及关键环节的画面，根据给予的参数，电脑通过计算自动生成frames（过渡帧），完成连续的运动画面。

不同时间段的静态画面通过timeline（时间轴）实现运动。动画师则可以通过红色指针形状的playhead（播放头）对时间轴上每一个静态画面进行绘制和调节，达到完美的效果。（图3-12）

时间轴上的一格作为一帧。

打开Flash软件，可以看到时间轴上已经预置了一个没有任何东西的空心圆圈，叫做"空白关键帧"，快捷键为F7。用笔刷工具或铅笔

图 3-12

工具在舞台上随便拖画，空白关键帧就会自动转化为关键帧，用实心圆圈表示，快捷键为F6。

关键帧的意义在于确定运动和变形的起止点状况，需要人为调节运动的位置和时间间隔，相当于传统动画的"原画"。两个关键帧之间的各帧叫做frames（中间帧），按F5键即可插入一个中间帧。由于中间帧是电脑根据关键帧演算出的画面，所以关键帧可以理解为一种动画实现技术和管理手段。

Flash中的动画功能大致可以分为两大类：逐帧动画和补间动画。逐帧动画是在Flash里按照传统的方式一格一格地绘制出运动的变化。补间动画的原理是：由我们制作出动画的起点（关键帧）和终点（关键帧），中间的过程动画由计算机按照我们给定的条件（各种参数）去生成。这些条件包括时间、位置、距离、旋转、加减速、颜色、不透明度等。（图3-13）

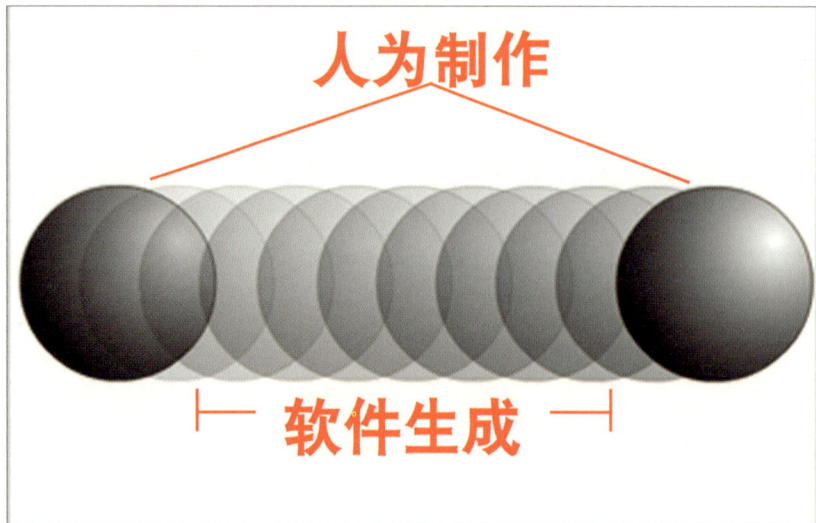

图 3-13

补间动画可以分为运动补间动画和形状补间动画。在Flash里，运动补间动画用淡蓝色加箭头表示，形状补间动画用淡绿色加箭头表示。实际制作过程中，我们大部分是利用运动补间动画和逐帧动画的方法去制作角色动画。

大部分的初学者会自然联想到一个问题："可以用Flash的补间动画制作出转面的动画吗？"答案是否定的。如果可以，那么三维软件就没有出现的意义了。在二维软件中，每个元素只有X轴和Y轴的信息，我们画出的东西对于电脑来说只是一些拥有二维坐标的点的集合。二维动画软件可以让这些画面以平面的方式运动。如果我们让二维的动画软件计算带有深度信息的运动，那么就会出现可笑的画面（图3-14）。三维动画软件里的每个图像单位都带有X、Y和Z三个轴向的信息。Z轴所带的就是深度信息。所以三维动画软件里的图像可以自由地360°旋转。这也是三维动画软件里的绘制形体叫做"建模"的原因。

图 3-14

Flash软件同一时间只能对一个对象定义动画。如果在同一时间内要对几个对象定义动画，那么就要分成相对应的图层去分开制作。下面的一段动画实例，三角和方块在同一时间分别按照不同的方向运动，这时

候就必须将他们放在不同的两个图层上面进行制作。（图3-15）

逐帧制作的话就没有这个限制了，因为任何动画效果都可以一格一格绘制出来。而补间动画是计算机帮助我们计算出中间的过程动画，所以在制作时要符合软件的要求。

基本概念：

库是Flash中一个重要的概念。库就像是个储藏室，从外部导入的声音、图片、视频文件会自动存放在库中。我们可以通过窗口—库打开。

元件是被赋予名称和属性后存储在库中的形象，是可重复使用的元素。当元件被放到舞台中时，就会创造出一个副本。元件和它的副本是关联关系，任何一方被修改，其他的也会随之变化。

使用元件的好处在于：对于所有由同一元件创建的副本，Flash只记录库里面的原件相应属性。因此，元件可以在一段动画中大量重复使用而基本不增加动画文件的大小。

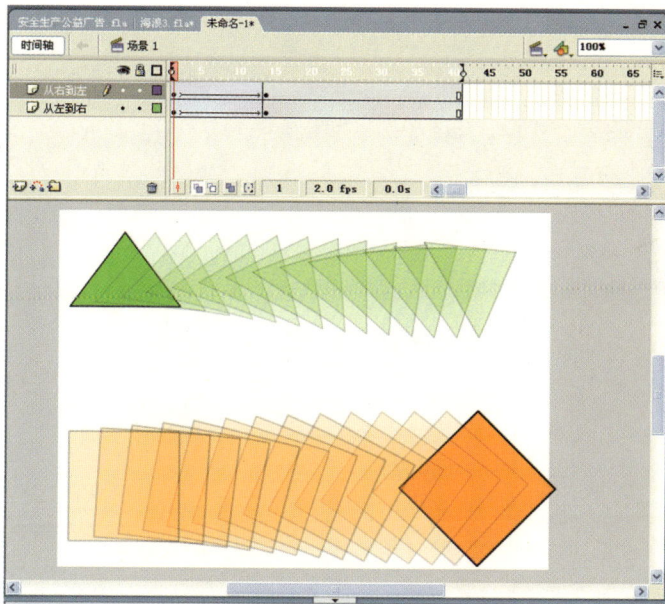

图 3-15

图 3-16

Flash中的元件有三种：图形元件、影片剪辑元件和按钮元件（图3-16）。影片剪辑元件可以支持actionscript脚本；按钮元件用来制作供点击的按钮动画，一般用在网页动画和一些互动媒体的动画作品之上。用影片剪辑制作的动画元件无法在时间轴上直接预览，需要测试影片时才能预览。所以用Flash大量生产二维动画时，用的一般都是图形元件。图形元件内的动画在主时间轴上可以直接预览。

运动补间动画作用的对象是元件，形状补间动画作用的对象是我们在Flash里所画的任意形状。所以我们在制作运动补间动画时一定要检查对象是否已经转化成了元件。在转化之前一定要全选对象，很多初学者只选中了内部填充色而没有选中外轮廓线条。

一、道具的动画

动画片中往往都有一些角色之外的动画元素，如烟花、爆炸、烟雾、光晕和道具的动画。这些动画会大大丰富动画片的节奏以及活跃画面。

1. 小飞镖击中小物体的动画（见光盘中的相应文件）

（1）新建文件。将播放频率设为25帧/秒，首先我们将现有的图层命名为飞镖，绘制一个飞镖，将飞镖转化为图形元件。在绘制飞镖的时候一定要用对齐工具中心对齐。

第一步：先利用"多角星形工具"绘制一个正四角星，再绘制一个小圆。

　　第二步：分别将正四角星和小圆对齐到舞台中央。打开对齐面板，点中"相对于舞台"，再点"水平中齐"和"垂直中齐"。

　　第三步：删掉小圆里的颜色，给正四角星填充上合适的渐变色，一个飞镖就绘制出来了（图3-17）。全选中飞镖按F8，转化为"图形元件"。

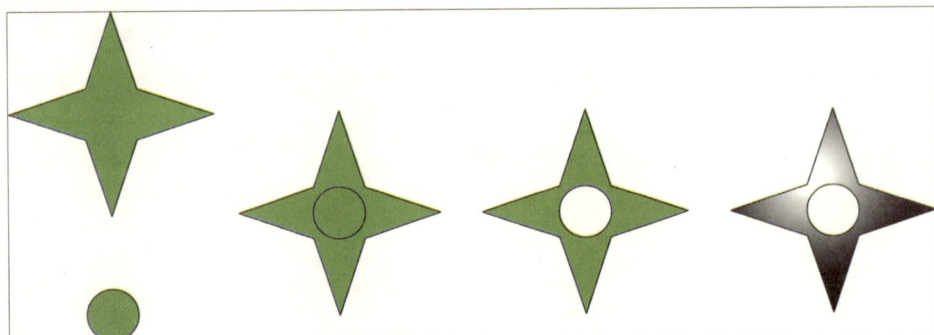

图 3-17

　　（2）用画好的飞镖来制作一段飞镖旋转并移动的动画（图3-18）。在这里，我们用"运动补间动画"来制作。选中飞镖，对飞镖"创建补间动画"，选中第一个关键帧，将属性栏里面的"旋转"选项改为逆时针。在动画尾部加上空白关键帧表示动画结束。

　　（3）新建一个动画层（命名为目标物体），绘制一个将被飞镖击中的目标物体（图3-19）。目标物体在舞台上的位置要正好被飞镖击中。在动画尾部加上空白关键帧表示动画结束。

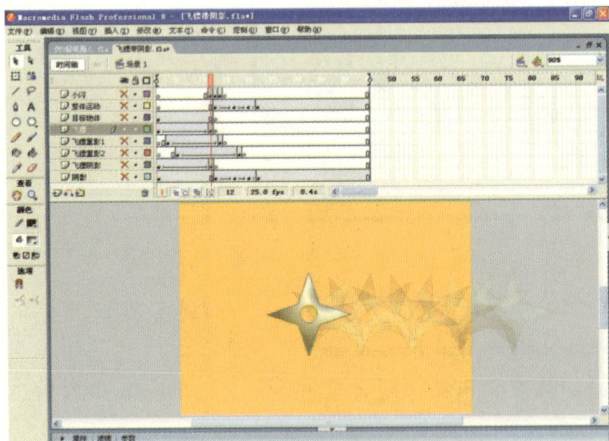

图 3-18

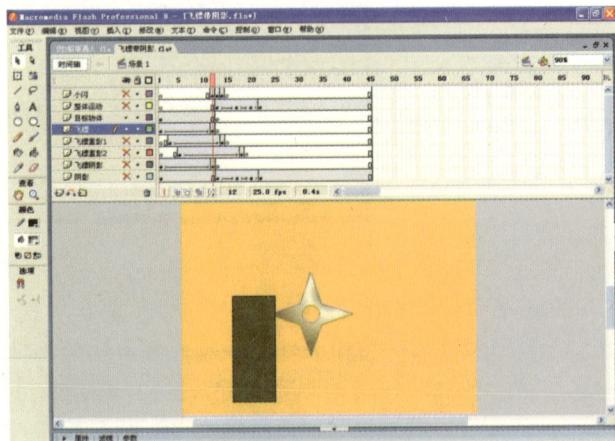

图 3-19

　　至此，飞镖已经击中物体了。下面我们制作击中之后的动画部分。根据自然的现象，目标物体被击中后会有一个抖动。

　　（4）目标物体被击中后的抖动是飞镖和目标物体一起发生并且同步的。所以我们新建一个图层（命名为整体运动），在飞镖动画结束的那个时间点上（第13帧）新建一个空白关键帧。分别将飞镖和目标物体复制过来（粘贴的时候用Ctrl+Shift+V，这样可以保持位置不变）。然后将飞镖和目标物体选中，整体变成一个元件。将该元件的中心点移至左下角（图3-20）。接着用该元件制作一段以左下角为中心点来回抖动两次并且逐次递减的动画（图3-21）。

　　做到这里，动画大致已经做完了。下面我们让动画再精致一点，加上阴影和重影。

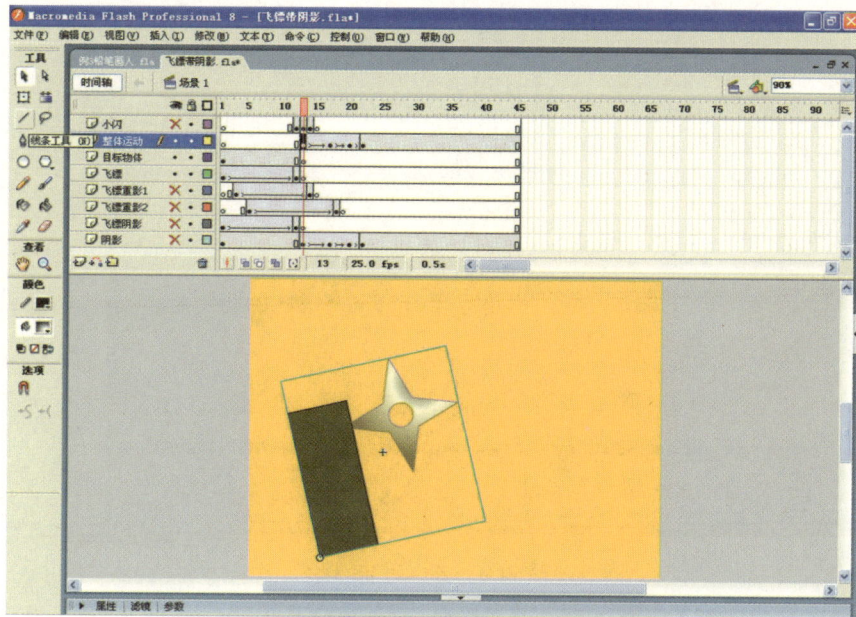

图 3-20

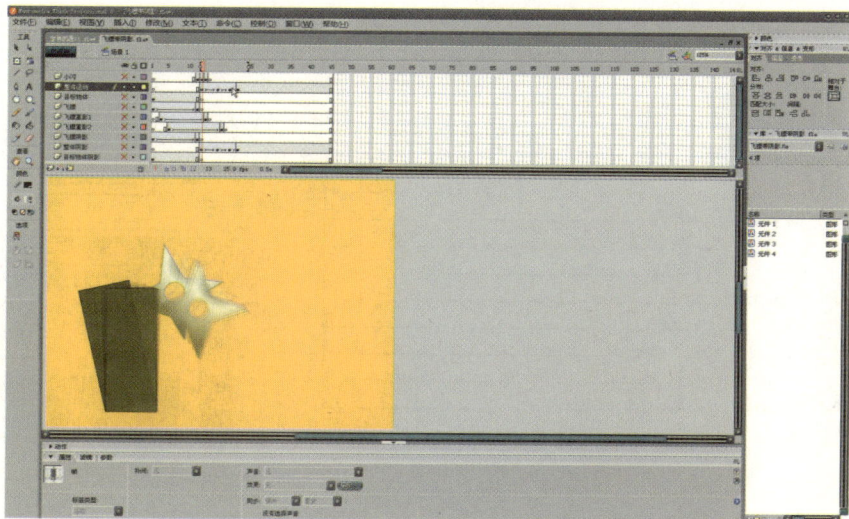

图 3-21

（5）新建三个动画层（命名为目标物体阴影、飞镖阴影和整体阴影），将这两个图层移至最低层。制作出动画里面物体的阴影动画。阴影动画的制作原理和前面的一样，刚开始飞镖和目标物体的阴影是分开的，击中之后就合在一起运动了。

（6）新建1个动画层（命名为小闪），将该图层移至最顶层。制作出飞镖击中目标物体时的闪光。用逐帧绘制的方法3帧就可以绘制出来。（图3-22）

（7）新建一个动画层（命名为飞镖重影1），将刚才制作的飞镖层的动画复制过来。将动画整段向后移动，达到延时的效果。再将该动画首尾帧的透明度（Alpha值）降低至40％。在动画尾部加上空白关键帧表示动画结束。

图 3-22

（8）重复上一步骤（命名为飞镖重影2），将该动画首尾帧的透明度（Alpha值）降低至10%。在动画尾部加上空白关键帧表示动画结束。整个时间轴上的动画层次分布如图（图3-23）

关于道具动画的例子还有很多，但是原理基本相同。

2. 自然现象的动画——海面

下面我们来制作一段带有装饰风格的海浪的动画。（3-24）（见光盘中的相应文件）

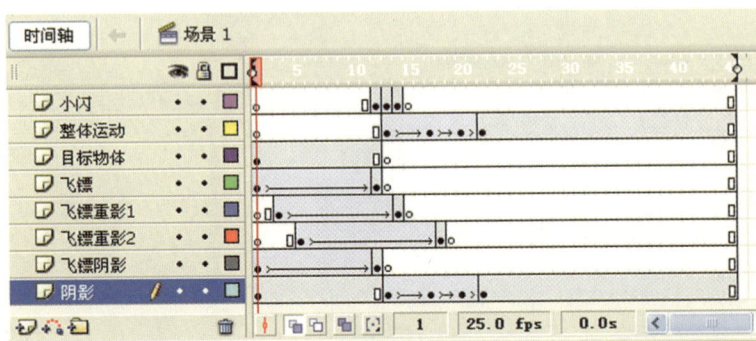

图 3-23

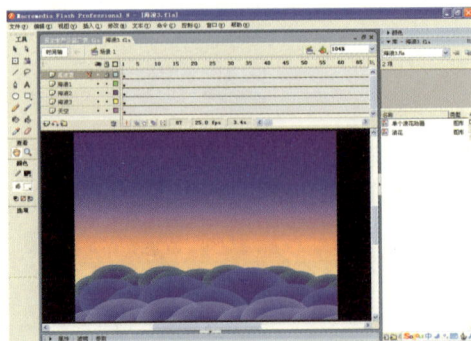

图 3-24

（1）新建文件。新建一个元件，命名为"浪花"，在元件里绘制一个椭圆。利用放射状渐变填充工具填充出一个由深到浅的渐变色。接着选中当前椭圆按Ctrl+G将其群组化。将上面的椭圆再复制一个并放大（可以点击原来的椭圆按住Alt键直接复制）。利用对齐工具将两个椭圆按中心点放在一起，调整出层次效果。（图3-25）

（2）新建一个元件，命名为"单个浪花动画"。将"浪花"复制进来，并对其至舞台中心。制作一段浪花由下至上，再由上至下的动画。浪花在动画起点和终点的位置是一样的（图3-26）。动画的时间共为60帧，在30帧处建一个关键帧作为中点。

注意：现在我们制作了两个元件。一个是浪花，一个是单个浪花动画。目前只有一个图层，图层上没有制作任何东西。我们将该图层命名为"海浪1"。

（3）现在将"单个浪花动画"复制若干个到舞台上，调节它们的大小和位置，摆出如图3-27所示的样

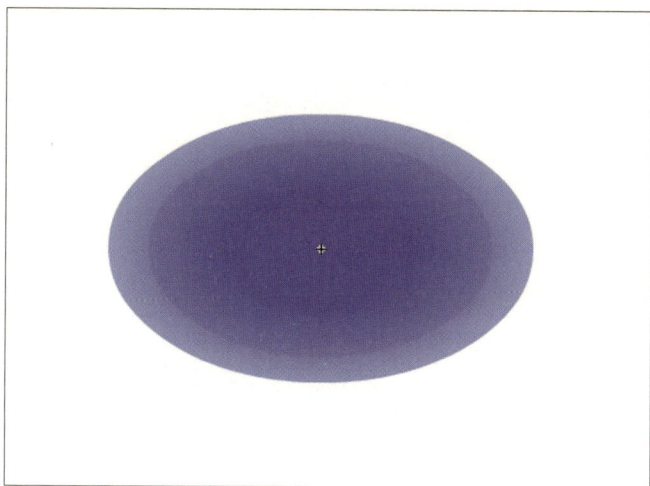

图 3-25

图 3-26

子。由于"单个浪花动画"是一个自带动画的元件，目前的时间轴上只有一帧的时间，所以要让"单个浪花动画"里面的动画播放出来就要给时间轴相应的时间。如果"单个浪花动画"里的动画有60帧，那么在舞台上我们也给它60帧。现在我们按Enter键应该可以看见若干个浪花一起上下运动。

但是一起运动看起来有点不舒服，不自然。所以我们要让每个浪花都按自己的时间运动。

（4）点击舞台上的浪花，在"属性"栏里我们可以看到元件属性的对话栏。我们可以在这里设置该元件里的动画在舞台上的播放模式。有三种模式：循环、播放一次和单帧。比如：选中一个浪花，在"属性"栏里 "第一帧"的对话栏输入20，则表示我们让舞台上选中的那个浪花的动画以第20帧为第一帧开始播放。别忘了，每个浪花的动画都是60帧，刚才我们做过。

（5）这样我们一个一个地将该图层上所有的"单个浪花动画"元件属性里的"第一帧"都改一下，接着我们再按Enter键应该就可以看见浪花们都按照不同的时间独自运动了。

现在我们已经有了一层海浪（海浪1）了。大海是广阔的，我们是不是应该多做几层让我们的画面更加有纵深感呢？

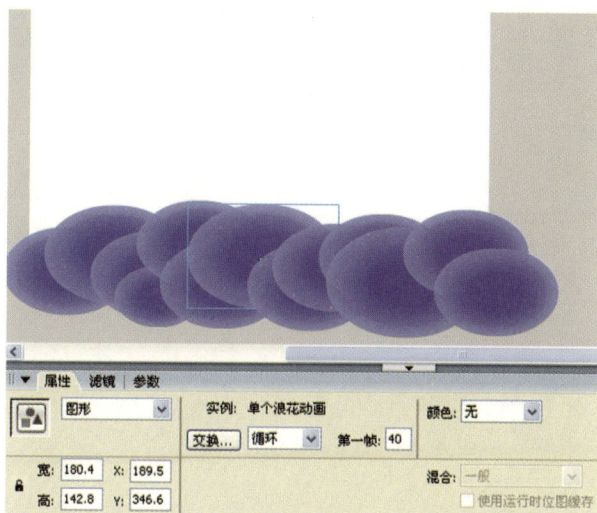

图 3-27

（6）下面我们新建一个图层，命名为"海浪2"。由于要做一个纵深层次的海浪层，所以我们把"海浪2"图层拖到"海浪1"图层下面。复制一个"单个浪花动画"元件过来。接着我们把它的颜色稍微调深一点。我们可以用上面提到的方法，用Alt键复制出若干个"单个浪花动画"，摆出合理的组合，再逐一调节它们的第一帧。

（7）利用相同的方法再制作一个"海浪3"图层，把"海浪3"图层拖到"海浪2"图层下面。（图3-28）

（8）为了画面的整体美，我们新建一个图层（命名为天空），将它移至最低层。用渐变色绘制出一个天空。

（9）为了观看的美感，我们可以在顶部制作一个黑色的遮罩。这段动画就制作完毕了。（图3-29）

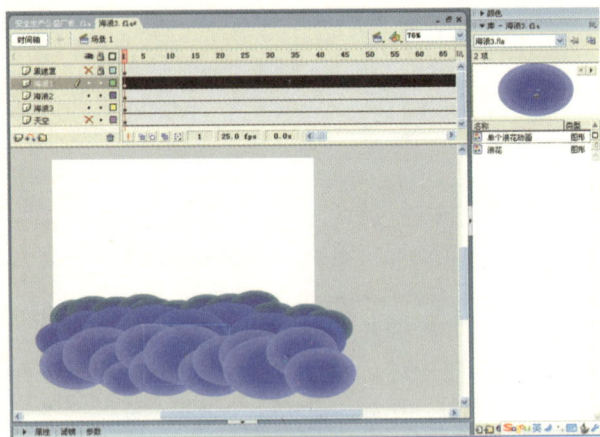

图 3-28

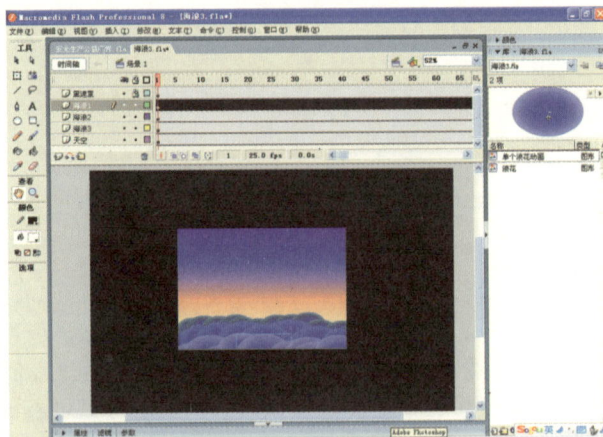

图 3-29

图 3-30

3. 自然现象的动画——飘动的叶子

动画里经常有一些自然现象的镜头画面，这些镜头画面不但可以交代环境，有时也可以营造特定的氛围。其中，飘动的蒲公英、散落的樱花、闪动的萤火虫、飘落的树叶等都是动画里常用的画面。下面我们来制作一段树叶飘落的动画。（见光盘中的相应文件）

（1）新建一个元件，命名为"叶子"。在这个元件里绘制一片树叶。

（2）新建一个元件，命名为"单个叶子动画"。将刚才绘制的叶子从库里拖入舞台。通过变形工具，用运动补间动画制作一段叶子自转的循环动画。（图3-30）

（3）新建一个元件，命名为"多个叶子路径动画"。建立一个引导层，并绘制如图3-31的路径。让"单个叶子动画"元件按照路径运动，再加上一周自转。顺着引导层重复再做两段相同的动画，让它们的开始时间错开。

（4）将"多个叶子路径动画"元件拖上舞台，再把该元件复制若干个，调整每个元件的位置、大小、亮度以及元件动画开始时间。（图3-32、图3-33）

图 3-31

自然界的现象还有很多，比如一缕一缕的青烟和爆炸的效果。在制作这些动画时，用的基本是逐帧制作的方法（见光盘中的相应文件）。（图3-34、图3-35）有许多介绍原、动画的教材都有这部分的知识，在这里就不一一介绍了。

图 3-32

图 3-33

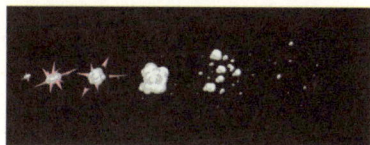

图 3-34

图 3-35

二、角色动画

动画作为一门视听艺术，是影视艺术的另外一种形式。和任何影视作品一样，动画作品也有自己的"演员"——动画角色。动画片里各个情节都是由动画角色来演绎的。动画角色的表演事实上也就是动画师对于动画角色动作的设计和表现。角色动画是动画里难度最大的部分，相对于其他房产动画，影视广告里简单的位移动画、摄像机动画或特效动画，角色动画对于动画师的要求是最高的。它不但要求动画师熟练地掌握所使用的软件，还要求动画师对于人体的结构、动态有深入的了解。另外，一定的表演知识和良好的节奏感也是做好角色动画必备的功课。

1. 简化形象，体验动作——走路

下面我们以一个例子来说明基本的走路动画。（见光盘中的相应文件）

为了大家学习方便，我们选择了一个较简单的形象。形象的好坏不在于复杂和简单，而是在于设计是否到位。而无论形象是否复杂，我们制作动作的原理都是相同的。制作角色动画时，我们一般是对身体的不同部分单独设置动画。

（1）新建文件。将动画的帧频调为25帧/秒，新建一个图形元件，命名为"黑小子"。

（2）在"黑小子"元件里绘制一个由正圆和椭圆组成的小人（图3-36）。在绘制的时候，是先绘制一个渐变色的圆，将其群组，再利用变形和复制来完成整个小人的绘制。由于手臂和腿部在该例子中没有造型上的区别，所以手臂和腿部各画一个，再复制就可以了。

（3）将头、躯干、左臂、右臂、左腿、右腿分别做成单独的元件，并且将每个元件的中心点都调至其和躯干相连接的位置。

（4）将所有元件选中，点击鼠标右键→分散到图层，将这些元件分别放置到6个图层里。图层的排列从上到下为：头、右臂、右腿、躯干、左腿、左臂。将各元件调整，得到一个小人走路的动作。最后新建一个图层放至最低层，绘制一个深黑的渐变色，并命名为"阴影"。（图3-37）

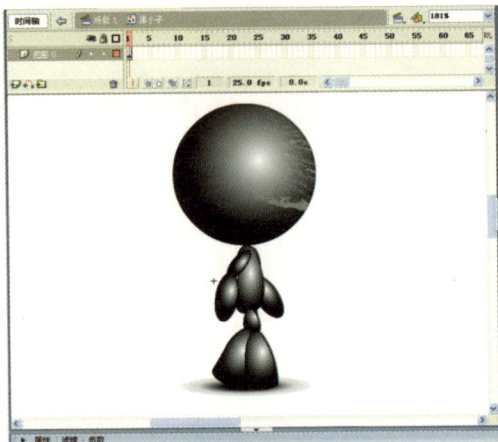

图 3-36

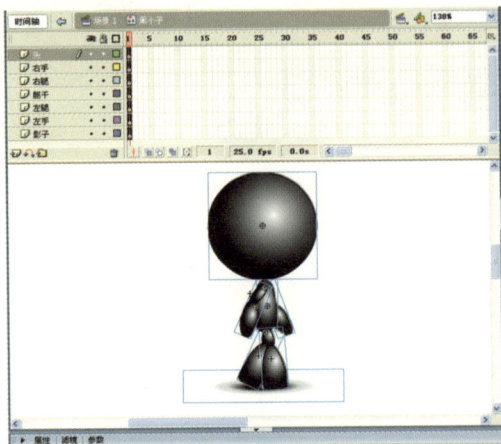

图 3-37

前面我们提到过，Flash软件同一时间只能对一个对象定义动画。如果在同一时间内要对几个对象定义动画，那么就要分成相对应的图层去分开制作。下面的动作部分就要在不同的图层上进行制作。

（5）将7个元件分布到7个图层，在这7个图层的第21帧的位置上都建立一个关键帧，接着在第11帧的位置也都建立一个关键帧。这样1~11有10帧，11~21也有10帧，第11帧是动画的中间位置。每个图层都有3个关键帧了。

（6）将第11帧的左臂、右臂、左腿，右腿分别按中心点旋转至原来相反的角度。比如原来右臂是向前的，现在就把它旋转到向后，其他几部分同理。虽然是反向的，但是动作的幅度一定要是一样的。现在每个图层里的3个关键帧的内容应该是：原来的 → 改过的 → 原来的。这样一段循环动画就做出来了。将控制菜单下的循环播放打开，按Enter键我们就能看到效果了。（图3-38）

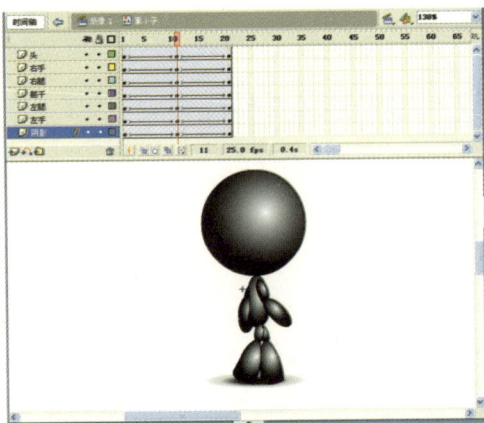

图 3-38

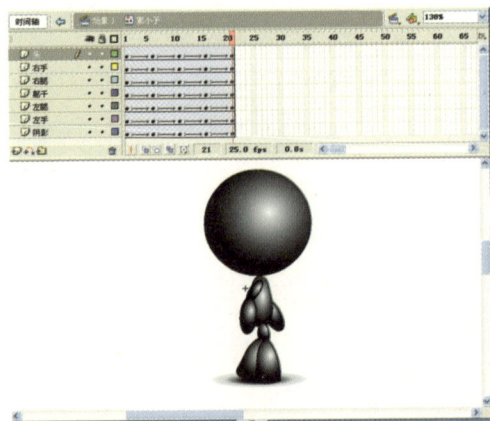

图 3-39

（7）通常人在走路的时候会有上下的颠簸。我们观察小人的运动和对照时间轴可以发现在第6帧和第16帧时小人的双腿是接近站直的。人在迈开双腿走路的时候会有一个踮脚的动作，所以小人在双腿接近站直时的身高比双腿迈开的时候要略低。我们根据上述理由把小人在第6帧和第16帧时的头部、躯干和双臂的垂直位置都向下微微调节。因为地面的高度是不变的，所以双腿不能调。现在按Enter键，我们就可以看到一个有弹性的小人走路了。（图3-39）

（8）在循环动画里，第一帧和最后一帧的内容是一样的。播放时相同的画面会因为循环而播放两遍，所以一般做循环动画的时候会删掉最后一帧。我们将每一层的倒数第二帧转化为关键帧，再删掉最后一帧。小人走路的动画就制作完成了。

（9）刚才我们是在一个名为"黑小子"的元件里制作了一个原地不动的循环走路的动画。现在我们把"黑小子"拖到舞台上来，让他往前走，也就是用一个原地走路的动画元件做一个往前的动画。（图3-40）

在制作完走路的动画之后，我们可以将"黑小子"元件复制若干个到舞台上来。根据透视的原理，我们可以画个简单的背景，也可以将动画本身再发挥一下，成为更加有意思的动作。这样就将一个简单的动画练习变成一个带有镜头感的动画片段了。（图3-41、图3-42）

图 3-40

图 3-41

图 3-42

2. 说话

我们用一个已有的形象来制作一段简单的说话动画（见光盘中的相应文件）。这个形象是合肥同人文化传播有限公司制作的系列动画《漫画汉字》里太上老君的形象。

（1）将头部全部选中并将其转换为元件。

（2）在头部的元件里面制作四帧不同嘴形的动画并且头部的动势略有区别（图3-43）。

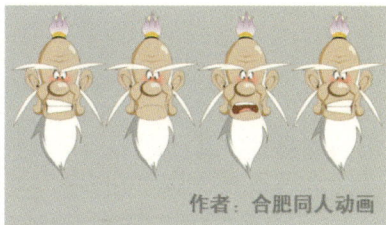
图 3-43

图 3-44

（3）把身子和头部分别放在两个图层上。将身子出现的时间延续至头部动画的时间（头部8帧，一拍二）。

（4）为头部的元件制作一段由小变大的动画。（图3-44）

3. 合理的利用补间动画和关键帧动画

补间动画有它的局限，我们在制作动画的时候不可能全部都用补间来完成。如果为了节省时间都用补间动画来制作，动画就会显得很平，没有立体感。

我们先举一个简单的例子，制作一个鸡蛋由直立到倒在地面上的动画（见光盘中的相应文件）。如果利用补间制作就会出现这样的现象（图3-45），鸡蛋在倒下的过程中有一部分已经高出地面，这样显然是不对的。我们可以先利用补间制作出由直立到倒在地面上的动画，接着将补间动画的帧全部选中，将它们转化为关键帧（图3-46），再逐帧调节高出地面的部分。这样就可以得到合理的动画了。（图3-47）

图 3-45

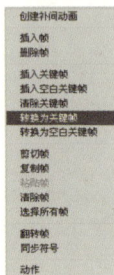

图 3-46　　图 3-47

图3-48的动作中，头部和手臂是用补间动画制作的，其余部分是用逐帧分层的方法制作出来的（见光盘中的相应文件）。层次的安排为图3-49。

在实际制作中有时使用补间动画去计算出过程动画；有时又可以用补间动画和逐帧动画相结合，通过逐个手动修改过程动画（将补间动画转化为关键帧）的方法来制作。这样可以提高工作效率。（图3-50）

图 3-48

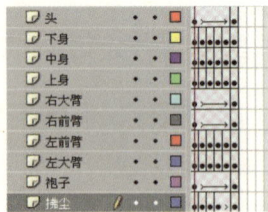
图 3-49

图 3-50

三、画面到镜头的转换——巧用位图

在制作动画的时候，我们经常会用到各种素材。好的素材可以使作品更加精致美观。使用素材绝不是简单的"拿来"，是要求根据作品的需要来整合使用的。动画是视听语言的艺术，相对绘画和设计来说是"动"的艺术。动画专业的学生应该具有一定的镜头意识。对于一幅画面，我们不能像过去只是考虑画面的静态构图，而是要把它看做一个镜头、一段运动的画面。

下面是一幅非常有创意的插图作品（图3-51），用Flash是画不出这样的笔触的。我们试着来将这幅图片做成一个动画片段。

1. 首先将需要分层运动的元素在Photoshop里面抠下来，抠完之后再将它们逐一存储成PNG格式。下面的"导入素材"部分将具体介绍PNG格式的存储方法。（图3-52）

2. 为了让动画更加有景深，我们在Photoshop里面用喷枪在一个透明层上画几片云彩，存成PNG格式。

3. 将所有元素依次导入Flash，根据元素的前后关系制作出相应的动画节奏，如图3-53。（见光盘中的相应文件）

图 3-51

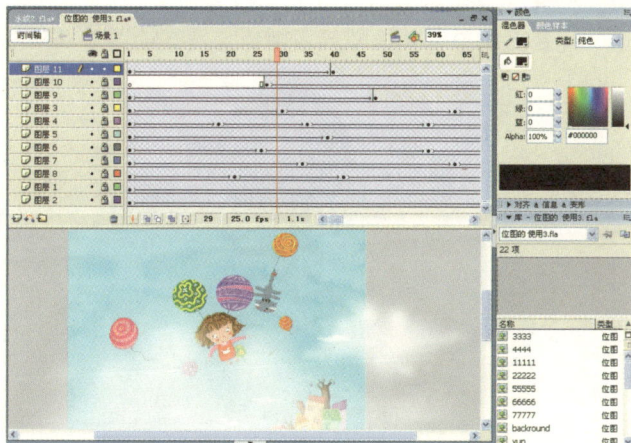

图 3-53

图 3-52

在二维动画里面制作一些有立体感的场景会让场景真实可信。

我们可以在一张分层的二维图片上利用层次的运动使图片看上去有立体的感觉。（图3-54）

这段动画的例子就是将场景中的各个元素如鼎、柱子、桌子、墙都分层导入并做成元件，然后用前面所说的分层的方法对每个元件都加上一段动画，将位置匹配好。这样播放出来后肉眼就会认为是立体的动画了。（见光盘中的相应文件）

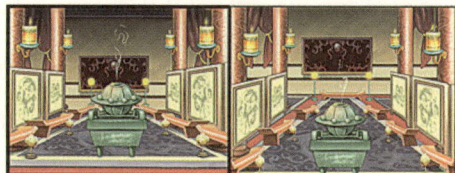

图 3-54

四、逐帧动画

在制作过程中，尽管电脑可以大大提高我们的效率，但是有些动作电脑还是计算不出来的。大自然的变化是无穷的，动作也是千奇百怪的。所以对于一些出彩的动作我们就会用逐帧制作的方法来完成，一般称之为"逐帧动画"。这种方法类似于二维手绘里的原、动画技法。

在制作逐帧动画的过程中，为了控制动作的连贯性，需要对照前后的画面，这就需要用到"绘图纸外观"工具（又叫洋葱皮工具）。它类似于传统动画师使用的拷贝台，作用是以当前帧为基础，透明地映射出开始标记与结束标记之间的区域。状态栏中的 为"绘图纸外观"工具按钮，其作用就是在显示播放所在帧内容的同时显示其前后数帧的内容。当单击该按钮时，播放头周围就会出现方括号形状的标记，拖动括号的两端，其中包含的帧都会显示出来，这将有利于我们观察不同帧之间的图形变化过程。制作时，先调整好某一帧的动作，然后在这帧的后面"添加关键帧"。这样就在原来的那一帧后又多了一个内容相同的关键帧。打开"绘图纸外观"工具，设置好显示前后的范围。这时前后关键帧的图像就以透明的方式显示出来了。接着再以前一关键帧的图像为基准继续调节。（图3-55）

图 3-55

从软件层面来说，这种方法的操作相对简单，只是逐帧的调节动作而已。想要掌握这种方法一是要有一定的造型基础，二是要了解运动规律和原、动画方面的知识。一般在制作这类动画的时候，要事先将动作的对象按关节分成若干个组，逐帧调节这些组就可以了。有时也会先制作补间动画，将其转化为关键帧后再逐帧调节。光盘中附带了几段逐帧的动画。（见光盘中的相应文件）（图3-56、图3-57、图3-58）

图 3-56

图 3-57

图 3-58

第四节　合成

合成的部分对于工作人员的素质要求相对较高。因为该环节事实上就是利用美工人员制作出来的素材（形象、动作片段和背景）出片。

做动画的合成要具备两个基本的素质:

1. 能用声音和画面说故事,也就是了解视听语言的规律。

2. 具有一定的美术基础,能将美工人员提供的元素摆放出合理的构图或是将角色调出不同的姿势。

一、参数设置

首先建立一个Flash文件,在文档属性里面将尺寸设置成为需要的大小。一般用Flash生产的动画大多都在电视上播放,所以尺寸就是我国的PAL制式,即720×576。背景色一般为白色。帧频为25帧。单位是像素。(图3-59)

现在也有的公司按照每秒12帧/秒来制作。但是按照12帧/秒来制作的话在输出时就不能以序列图的形式输出了。否则在非编和后期软件中不好匹配时间和帧数,12格的画面可以通过翻倍每格的持续时间达到24格(在这里一帧等于一格),但是每秒正好差一帧画面。这对于先期配音的制作方法来

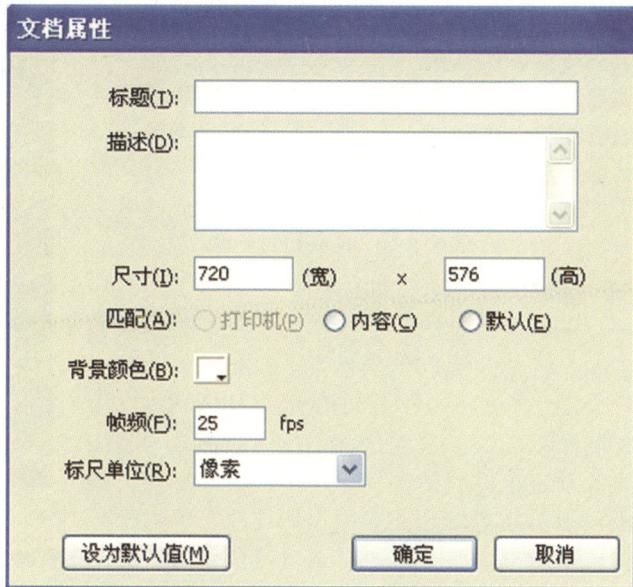

图 3-59

说容易出现无法匹配声音的问题。笔者建议将帧频设置为25帧/秒,方便以PNG或JPG序列图的方式输出。输出时可以将整段动画输出也可以将单个镜头分层输出。分层输出的动画序列,便于后期特效的处理。用来合成的机器最好配备较快的CPU和1G~2G的内存,这样工作时会比较流畅。如果必须以AVI等流媒体格式来输出的话要分段输出,一般来说以1~2分钟为一段来输出比较稳定,否则容易死机。而且AVI的设置要合理,大多使用无压缩的设置。

二、导入素材

将角色和背景按照台本的要求一一导入合适的动画层。

在将某一张用Photoshop或Painter等位图软件制作的背景导入Flash时,一般采取的都是分层导入的方法。在导入前要将图片分层保存。一般这样的工作是在Photoshop里完成。具体的方法是:

1. 在Photoshop里打开一个分层绘制好的动画背景图片,可以依次看见它的每个图层。(图3-60)

2. 按Ctrl键点击需要导出的图层,可以将该图层的内容全选。

3. 按Ctrl+C。这样Photoshop就可以记录该图层的内容和像素比(该图层上所有像素内容的长宽比)。

4. 接着按Ctrl+N新建一个文件,弹出的菜单里就会显示该新建文件的尺寸,大小和刚才的图层内容一样。

5. 按Ctrl+V将复制的原图层内容粘贴过来。可以看出,文件没有任何多余的尺寸。这样就能节约空间。

图 3-60

6. 最后删除背景层，只留一个有效层，再将其存储为PNG格式。PNG格式支持透明的通道信息。这样图片导入Flash时就不会像JPG格式的图片一样产生白色的实底 。最后再弹出的菜单里选择"无"就可以了。

图中的画面一共用了3个图层，分别是前景的树、中景的角色和远处的背景（图3-61）。

三、动作与动作间的衔接

在制作动画的实际过程之中我们很少碰到去制作一个完整动作的情况。在制作的时候，一个动作往往是由几个小的动作从不同的角度绘制来组成的。这就是我们所说的剪辑，而不同的角度指的就是多角度（多机位）拍摄。动画里面剪辑的概念更多的是体现在分镜头上。这和电影电视是不同的，通常我们绝对不会制作了5分钟的动画后再由于某种原因剪掉2分钟的。在制作动画之前一定会详细研究分镜头脚本，从而决定工作量。在这里我们选取系列动画片《丘比特大闹十二星座》里一段简单的战斗情节来说明。（图3-62）

图 3-61

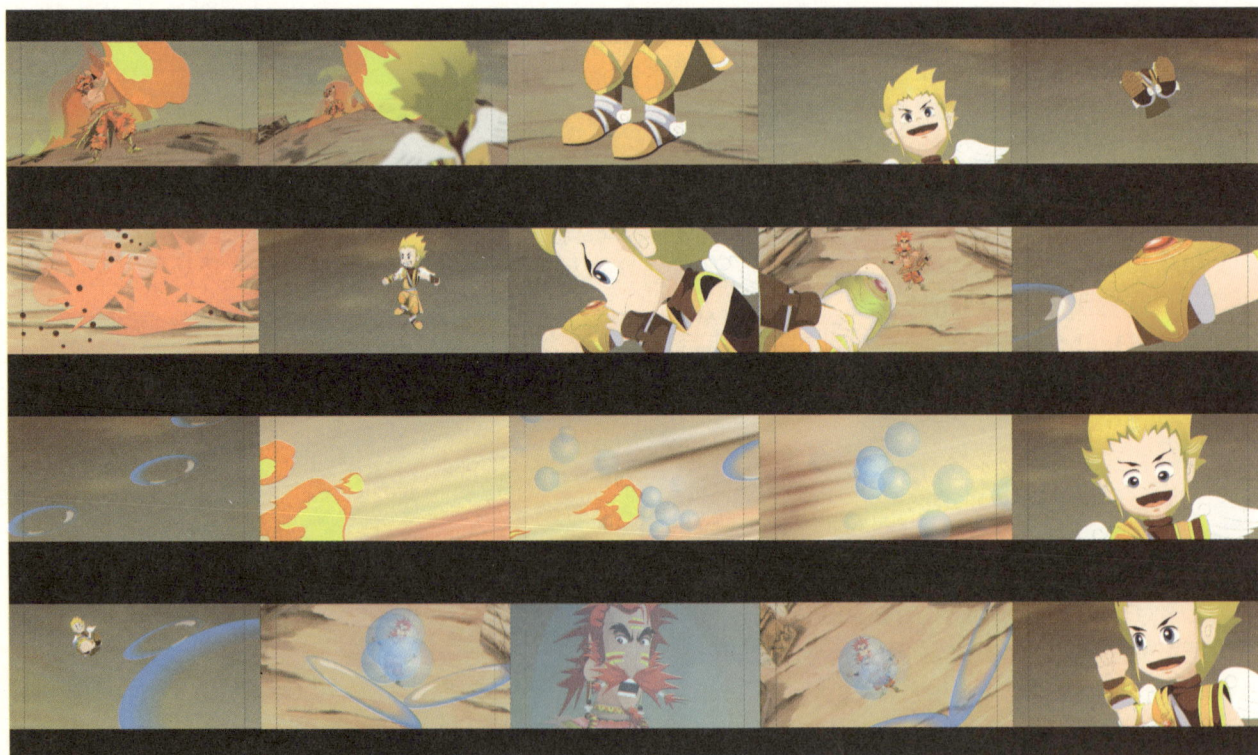

图 3-62

1. 阿瑞斯放出火焰弹
2. 镜头后拉，火焰弹向丘比特飞来
3. 丘比特的脚部，准备跳起

4. 丘比特向天上飞去（镜头仰拍）

5. 丘比特飞高

6. 火焰弹没有击中丘比特

7. 丘比特飞至空中

8. 丘比特用手部的武器瞄准阿瑞斯

9. 丘比特的主观视角，瞄准阿瑞斯（镜头俯拍）

10. 丘比特手部的武器放出水泡

11. 水泡飞出

12. 火焰弹飞出（反向）

13. 水泡和火焰弹相互碰撞

14. 水泡的力量占上风

15. 丘比特从下方入画

16. 丘比特飞高并继续放出水泡

17. 水泡击中阿瑞斯

18. 阿瑞斯惊讶的特写

19. 丘比特高兴地握拳

在制作的时候需要注意的是，单个动作的制作是一个基本的单位（镜头），动作之间组合（镜头组接）的效果才是最重要的。所以，千万不要刚开始就拘泥于某个镜头的制作，而是要把握好前后几个镜头的连贯性（画面节奏）。

四、合成中的技巧

动画的生产离不开效率。作为一种集体创作，每个人的制作效率直接关系到影片的整体进度。制作速度的提升和制作经验是密不可分的，但是学习一些基本的技巧可以让我们更快速地工作。

1. 减少图层的使用

有很多初学者在制作动画时往往会建立许多的图层。一个动画做完可能会有二、三十个图层。这给制作时的编辑和后期的修改增加了难度和不便。所以我们在制作的时候应该注意控制图层的数量。

我们在制作成片的时候，可以将包含复杂动作的镜头在元件里面制作好，将制作好的镜头放置到主时间轴上衔接。这样做的原因是，有时利用补间动画制作一个动作会分出好多图层，过多的图层会影响编辑和修改。所以，将复杂的动作或镜头在元件里先做好，然后再拖入主时间轴的舞台上编辑，主时间轴上就不会因出现过多的关键帧和图层而导致主时间轴上的混乱，影响以后的修改。

图 3-63

这样，时间轴上出现的就是两种情况了：

（1）一段一段的单帧（就是关键帧延续一定的时间），而每一帧里面是一个包含有动画的元件。

（2）简单整齐的补间动画。

我们举一个例子说明。

图3-63这是由两个镜头构成的动画片段。（见光盘中的相应文件）

图3-64在时间轴上我们只看见三个图层：①用来遮挡的黑色遮罩；②第一段动画；③第二段动画。

在第一段和第二段的交接处，我们在第一层上做了一个透明

图 3-64

图递减的（叠化）效果。两个镜头分别放在两个图层上，动画都包含在这一图层所带的元件里。我们在时间轴上看到的是每一层动画的持续时间，要对哪一段动画做具体修改，直接双击进入那一层的动画元件就可以了。这样在制作时就比较科学了。

在制作成片的时候会经常碰到淡入淡出、叠化等效果。在Flash中我们也可以很简单地制作出这些效果。

2. 延长和缩短时间

在制作动画成片的时候我们经常会修改制作过的动画，如延长和缩短动画的时间。延长动画的时间有两种情况：一是延长某一图层在某一时间点上的某段动画；二是延长所有图层在某一时间点上的动画。

延长某一图层在某一时间点上的某段动画，方法是：在该层上点击要延长的时间点（某一帧），按键盘的F5键，每按一次延长一帧。（图3-65）

延长某一时间点上所有图层的动画，方法是：在时间刻度上点击所要的时间点，按键盘的F5键，每按一次延长一帧。（图3-66）

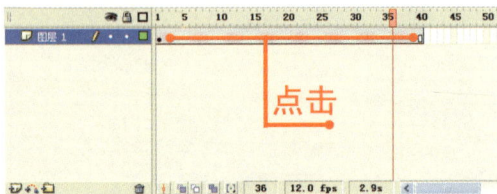

图 3-65

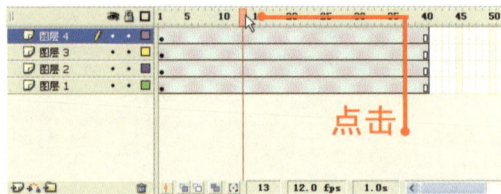

图 3-66

缩短动画的时间就比较简单了，我们一般都是框选所要减少的帧，点击鼠标右键，在弹出的对话栏里点击"删除帧"。

3. 格数的控制

在用25帧／秒制作动画时，要是遇到需要逐帧制作的镜头，我们并不需要制作25帧的逐帧动画，一般是两帧一个画面即一拍二。这样就可以保证动作的流畅了。格数的多少不是一定的，具体的格数以动画的流畅为标准。（图3-67）

图 3-67

▶ 第五节　声音的使用

好的动画离不开好的音乐和音效，下面我们来学习Flash声音的使用方法。

一、导入声音

通过将声音文件导入当前文档的库中，可以把声音文件加入Flash。将声音放在时间轴上时，最好把声音放在一个单独的层上。

可以将以下声音文件格式导入Flash中：

WAV（仅限Windows）、AIFF（仅限Macintosh）、MP3（Windows或Macintosh）

如果系统上安装了QuickTime4或更高的版本，可以导入以下附加的声音文件格式：

AIFF（Windows或Macintosh）、Sound Designer II（仅限Macintosh）、只有声音的QuickTime影片（Windows或Macintosh）、Sun AU（Windows或Macintosh）、System 7声音（仅限Macintosh）、WAV（Windows或Macintosh）。

Flash在库中保存声音以及位图为元件，和图形元件一样，只需要一个声音文件的副本就可在影片中以各种方式使用这个声音。

声音要使用大量的磁盘空间和内存。但是，MP3声音数据经过了压缩，比WAV声音数据小。通常，当将WAV格式声音导入Flash时，如果声音的记录格式不是11kHz的倍数（例如8kHz、32kHz或96kHz），将会重新采样。如果要向Flash中添加声音效果，最好导入16位声音。

二、在影片中添加声音

向影片中添加声音：

1. 如果还没有将声音导入库中，将其导入库中。

2. 为声音新创建一个层。

3. 选定新建的声音层后，将声音从"库"面板中拖到舞台中，声音就添加到当前层中。建议将声音放在一个独立的层上，每个层都作为一个独立的声音通道。当播放影片时，所有层上的声音就混合在一起。

4. 在时间轴上，选择一个关键帧。

5. 从属性检查器中的"声音"弹出式菜单中选择声音文件。

6. 从"效果"弹出式菜单中选择效果选项：（图3-68）

"无"不对声音文件应用效果。选择这个选项将删除以前应用的效果。

"左声道/右声道"只在左或右声道中播放声音。

"从左到右淡出"/"从右到左淡出"会将声音切换到另一个声道。

"淡入"会在声音的持续时间内逐渐增加其幅度。

"淡出"会在声音的持续时间内逐渐减小其幅度。

7. 从"同步"弹出式菜单中选择"Stream"（数据流）选项将同步声音，Flash强制将动画和音频流同步（图3-69）。如果Flash不能足够快地播放动画，就跳过帧。与事件声音不同，音频流随着影片的停止而停止。而且，音频流的播放时间绝对不会比帧的播放时间长。当发布影片时，音频流混合在一起。

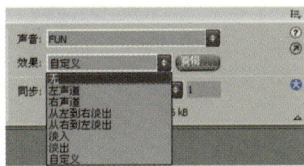

图 3-68

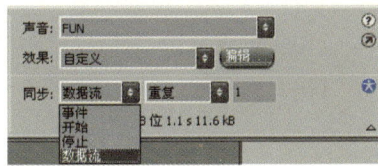

图 3-69

三、编辑声音

要定义声音的起始点或控制播放时的音量，可以使用属性检查器中的声音编辑控制。

Flash可以改变声音开始播放和停止播放的位置。这对于通过删除声音文件的无用部分来减小文件的大小是很有用的。

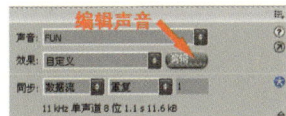

图 3-70

编辑声音文件：

1. 在帧中添加声音，或选择一个包含声音的帧。

2. 单击属性检查器右侧的"编辑"按钮。（图3-70）

3. 执行以下任意一个操作。（图3-71）

要改变声音的起始点和终止点，拖动"开始点或结束点"控件。

要更改声音的音量，拖动"调整节点"来改变声音中不同点处的级别。"节点连线"显示声音播放时的音量。单击"节点连线"可以创建其他"调整节点"（总共可达8个）。可通过将"调整节点"拖出窗口删除它。

单击"放大"或"缩小"，可以改变窗口中显示声音的多少。

单击"秒"和"帧"按钮可以在秒和帧之间切换时间单位。

4. 单击"播放"按钮，可以听编辑后的声音。

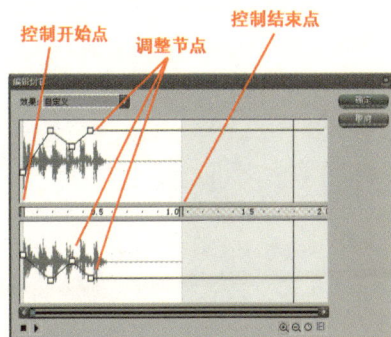

图 3-71

▶ 第六节　提升动画效果

一、素材

在制作的过程中素材是相当重要的，这包括图片素材、动画素材和声音素材。比如我们现在需要一段光效的动画，要是用传统的方法逐帧的绘制，效果不一定会好看。这时我们可以用一段光效的动态序列图素材实现。另外，在动画里有很多可爱好听的音效，平时应该注意收集。（图3-72）

二、多软件的协同使用

由于动画软件的不断更新和完善，动画软件之间的分工也越来越明显。如果我们需要用到一些有三维感的

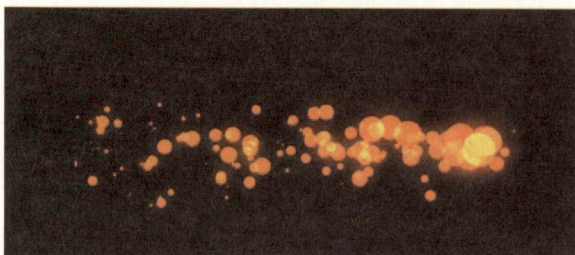

图 3-72

动画片段，可以用三维软件制作好，再将动画以PNG序列图的方式渲染出来。这样在Flash里就可以将动画序列图导入了。有时一些对于Flash来说复杂的动画，对于三维软件来说是很简单的。合理使用其他动画软件，可以大大提高动画的制作效率。（图3-73）

有些动画效果在Flash里面是很难制作出来的。但是如果利用后期软件的优势，就可以制作出漂亮的特效为影片添彩。在制作时，有两个方法可以实现。

方法一：将一段特效以PNG动画序列图的方式输出（要带24位Alpha通道），再将其导入Flash。这种方法要注意输出序列的大小，图像太大会影响正常的预览速度。

方法二：可以将某个镜头的动画帧复制到一个新建的Flash文件里，分层以PNG动画序列图的格式输出（参看本章最后一节），在导出PNG的对话框里将颜色改为24位Alpha通道。然后我们就可以在After Effects里面打开他们，为某一帧动画添加特效了。这种方法要求制作者对动画制作流程有较系统的理解。（参看影视后期方面的教材）

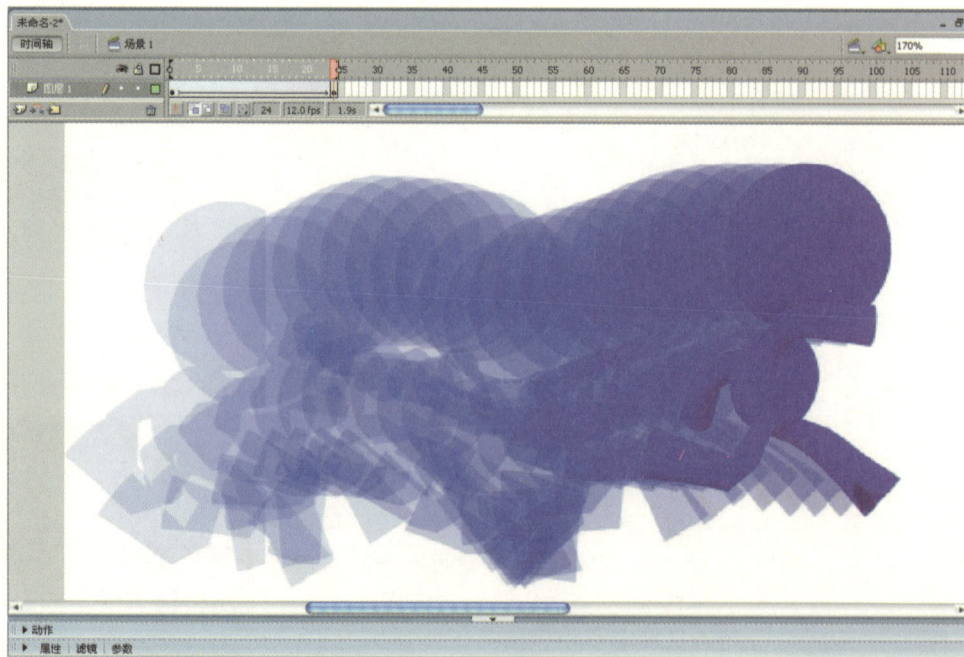

图 3-73

第七节 特殊风格二维电脑动画

就像绘画一样，动画也有很多不同的风格。动画的形式要符合内容，相反，新颖别致的动画形式也会赋予动画本身更多的内容和思想。虽然动画的成败关键在于故事和创意，但每一部好的动画片一定会在整体美术风格的设计上下足功夫。好的风格设计会让观众为之眼前一亮，好的风格设计会让你的作品在众多的片子里脱颖而出。

一、小黑人

前几年网上有一类特殊风格的动画，被称为"小小"风格动画。这种"火柴人"动画是将形象简化，追求流畅立体的动作，以突出动画的观赏性。（图3-74、图3-75，见光盘中的相应文件）

图 3-74

图 3-75

这类动画一般是用逐帧调节的方法制作。

在制作小黑人之前，可以先制作一个简单的动画来熟悉一下"绘图纸外观"工具。首先绘制一根粗线条。接着，用学习过的动画知识和"绘图纸外观"工具来调节出一个将它拨动的动画。通过制作"有弹性的线条"这个例子，可以基本熟悉"绘图纸外观"工具。

下面我们来制作一段简单的火柴人动画。

1. 首先用线条工具分别绘制出各个关节，每个线条都要连在一起，这样可以使所画的线条在连接处拥有共同的节点（图3-76）。

2. 接着用"绘图纸外观"工具 通过逐帧调节节点，摆出连贯的动作。（图3-77、图3-78）

图 3-76

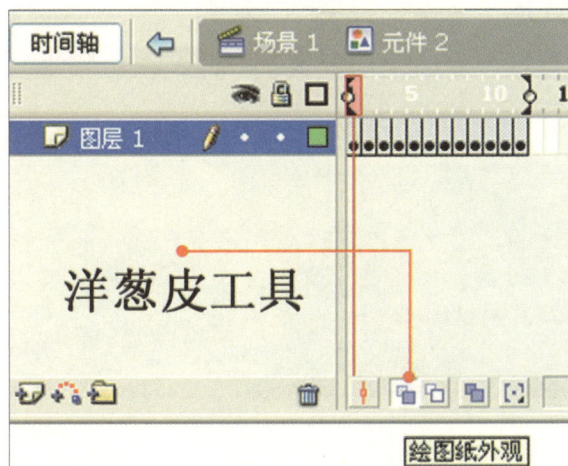

图 3-77

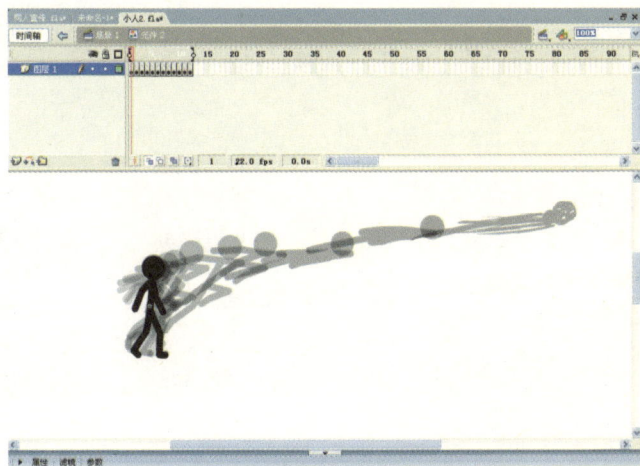

图 3-78

另外，利用"形状补间动画"也可以制作出不错的效果。一般都是根据动作的设计来决定制作的方法。（图3-79）

二、照片拼贴风格

现在有些公司和个人利用Flash可以导入位图的功能，将角色和背景都用前期分好层的照片素材来制作。照片素材的内容有的是人物照片（将比例更改）（图3-80），有的是泥塑的玩偶（图3-81），还有的是一些美术图片。2009年有一段非常有名的为美国总统奥巴马制作的一段动画。动画里奥巴马总统化身为一个超人，他拯救金融危机，打退海盗，解决很多政治问题。动画充分体现了美国人崇尚的英雄主义。奥巴马总统本人在看了动画之后也非常喜欢。有时，电视和电影由于制作方式和制作成本的限制而无法涉及的领域恰恰是动画大显身手的地方。该动画用到了一些三维和后期特效，制作人物使用的是带有二维骨骼系统的动画软件，是一款类似于Flash CS4、MOHO的软件。但本质上，它还是一段二维动画，并且在动画制作原理上和Flash是一模一样的。如果有足够的动作表现和画面设计能力，用Flash CS4也可以制作出类似的片子，而不必花时间去再学一门软件（Flash CS4新增了二维骨骼工具）。

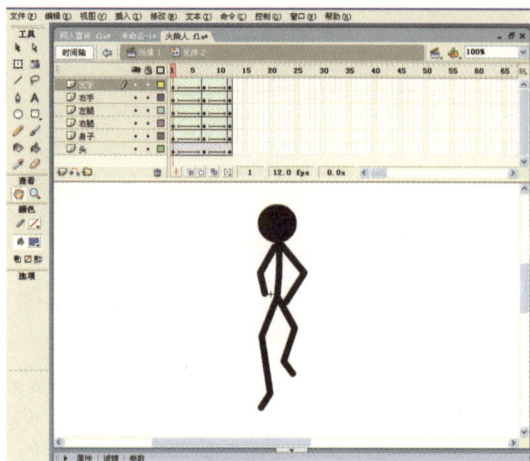

图 3-79

图 3-80

图 3-81

三、中国风

在广受好评的央视品牌动漫栏目《快乐驿站》里，皮影戏造型风格、剪纸造型风格等中国风的动画作品越来越多（图3-82）。这类动画基本上是使用皮影、剪纸等图片素材用图像软件处理后导入Flash或在Flash里面重新描绘的。这样动画在造型风格上就大大地丰富了过去的形式，十分受时下年轻观众的喜爱。

图 3-82

第八节　输出

输出是一个比较专业和复杂的工艺环节，前面已经做了基本的介绍。对于初学者来说，掌握基本的输出方法就可以了。

1. 首先打开做好的Flash文件。（这里我们按照720×576的尺寸来说明）
2. 选择"文件"→"导出"→"导出影片"。（图3-83）
3. 随便输入一个文件名。
4. 将格式选择为"JPEG序列文件"或者是"PNG序列文件"。PNG是唯一支持透明度的跨平台位图格式。如果你的动画要用后期软件进行处理的话，你可以新建一个Flash文件，用复制的方式将每个镜头单独复制出来并且分层输出，每个镜头和每个动画层单独建立文件夹。

5. 如果你想提取Flash里面某些做好的音乐或者音效去制作动画，可以将这些音乐按照相同的节奏输出成一个单独的音频文件。选择"文件"→"导出"→"导出影片"选择"WAV音频"格式。

6. 有了动画序列图素材和声音素材，我们就可以在非线性编辑软件里面合成了。第二章中已经介绍了无损AVI格式的输出方式，现在我来学习Premiere中另外的一种输出方式。打开Premiere pro，新建文件时选择"DV-PAL"（这个选项的参数基本符合我国电视播出的要求）→"Standard 48 KHz"（图3-84）。在素材窗口里导入素材。打开动画序列图的时候要勾选序列图选项。

7. 将序列图和声音文件分别拖入时间轴上相应的层次。

8. 选择"文件"→"输出"→"Adobe Media Encoder"。

9. 这时可以看见一个选项菜单，将Format选择为MPEG 2、将Preset选择为PAL MPEG-2 Generic，选择"确定"。接着就是等待渲染了。（图3-85）

关于输出，无论是方法上还是软件上，都有很多选择。而一个基本的原则就是，根据播出平台的要求，规范地制作出相应的视频文件。上面这个方法做出的视频基本适应我国的电视播出。如果有更高的要求，就要在前期增加制作的精度。如果制作时的源素材精度没有提高，单纯的提高视频文件输出精度是没有意义的。

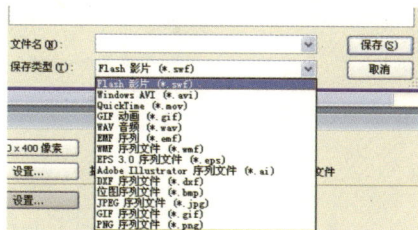

图 3-83

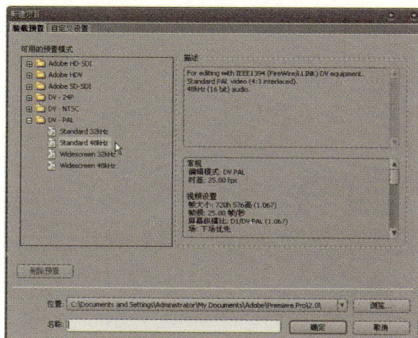

图 3-84

图 3-85

第九节　短片制作

一、四格漫画改编动画

随着娱乐节目的风行，情景短剧在电视上也越来越多。这其中就不乏用Flash制作的幽默小短剧。有很多优秀的四格漫画（图3-86）很适合改编成动画小短剧，这样的形式也非常适合初学者来练手。其一，故事短小精悍，有明显的起、承、转、合。另外，包袱到位，故事比较好把握。其二，没有很多大场面和动作戏份，制作难度较小。如图3-87就是改编后的动画短剧。

图 3-86

图 3-87

在制作时尤其要注意的是，如何在原作的基础上增加戏份，短短的四格是无法撑起一个短篇的。要从基本的影视知识入手，注意如何开场、如何摆放人物的关系、机位的设置以及音效和对白的处理。先根据原作分出镜头，在镜头大致合理的基础上开始配音，制作背景音乐和音效。最后根据制作好的音轨来制作动画。这样的制作方式比较能将故事做得生动有趣。

动画有时是非常简单的，如何用老百姓喜闻乐见的形式来娱乐大众、服务社会，是动画人的责任和义务。有了这个前提你才能获得相应的物质回报。总之，小小的短剧包含了大量的影视知识，也涉及许多影视手法。麻雀虽小，五脏俱全。

二、动画片头

随着电脑动画技术的普及与进步，丰富多彩的动画形式越来越多地出现在影视作品中。动画制作的片头风格多样，表现形式灵活多变，娱乐性非常高，对影视作品的宣传有着积极的作用。

前期筹备不涉及具体制作，却是整个制作过程中最重要的基础阶段，时间上也会占据整个过程的1/2左右，是创作中最重要的阶段。

没有风格，就没有动画。风格设定需要动画的主创人员和影片的制作方根据作品的内容、观众定位以及主题曲共同确定。如图3-88我们采用了比较可爱搞笑的表现风格，强调作品的喜剧意味。在设定工作中，动画风格要紧紧依附于片头歌曲，为主题曲服务，不能喧宾夺主。

作者：吴浩

图 3-88

分镜头脚本是前期筹划阶段的根基，是重中之重。风格和形式确定下来后，抽象的思维预设就要落实到具体的纸面上来了。动画作品就好像是一篇文章，先要将它的间架结构搭起来，整个作品才能凝聚，不松散。

分镜头脚本的制作有三个阶段，即文字脚本、绘画脚本和电子脚本——在文字脚本的基础上，将每一个镜头的背景、人物和色彩关系简单地绘制出来，形成绘画脚本；再将绘画脚本输入电脑，在后期软件中与音乐配合连成电子脚本，以便调试出每个镜头最契合的时间。（图3-89）

筹备阶段完成后，进入制作阶段。这是对筹备阶段的计划设定进行具体实施的过程，是整个流程中最辛苦的阶段，要将片中用到的动画形象和背景都绘制出来，包括各个角度的造型。

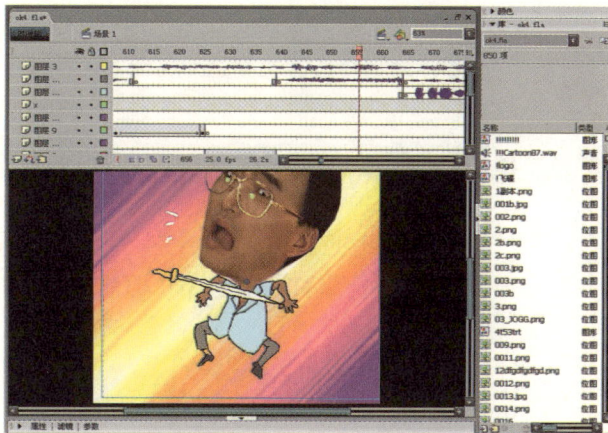

图 3-89

前期越周密详细，后期就越轻松顺利。在动画片头的制作流程中，前期是繁重而辛苦的。到了后期合成阶段，动画人可以开始享受到动画创作的乐趣了——镜头一个个向前推进合成，每天都会有新的动画片段映入眼帘。需要注意的是，在制作片头和MV这类音乐性较强的动画作品时，剪辑点的选择尤为重要，音乐是有节奏的，动画的节奏要和音乐的节奏有呼应关系，画面的内容也要和歌词有一定的联系。

学生作品赏析

在校期间多参加各类比赛是很重要的。通过比赛既可以了解其他学校的水平，也可以通过大赛锻炼自己的动手能力。平时上课大多是学习老师的教学案例，除了毕业设计大家很少自己动手去从事短片创作。动画的学习离不开动手，更离不开平时的个人创作。这里笔者选取了一位同学在大二和大三两个时期的两部短片作品，供大家参考。（见光盘中的相应文件）

1. 某产品的Flash动画大赛

该片的故事情节基本完整，简洁明了。但是在动画节奏、画面构图和声音的处理上还显得比较稚嫩。通过制作这个短片，该同学基本熟悉了Flash动画短片的制作方法。在结尾的落幅画面上该片做得非常不错，构图合理、清晰明了，突出了产品。本片在中美史克——新康泰克动画征集大赛里获得了特等奖。（图3-90）

2. 广告短片

这部广告短片主要是通过模仿《实话实说》的形式来表现客户的要求。在这个短片里，该同学动画表达能力已经有了明显的提高，是一个比较完整合格的商业短片。下面是他自己写的一段制作过程和心得，虽然有不足的地方，但还是可以给大家一些启发。（图3-91）

图 3-90

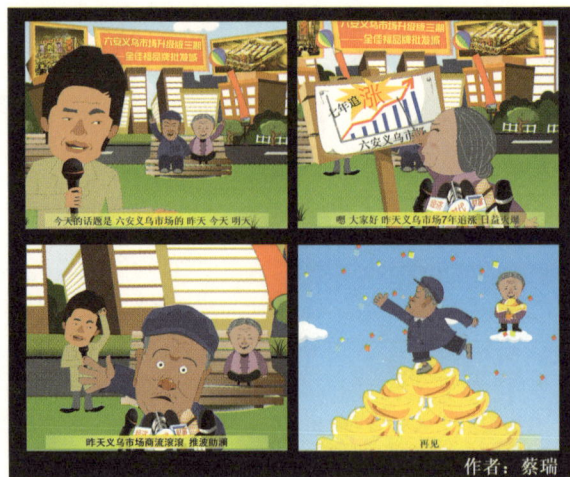

图 3-91

Flash电视广告《昨天今天明天》制作心得

前期创意：

接到这个短片之后我就开始和客户沟通，了解客户的要求和想表达的内容。首先碰到的是脚本。通过查阅资料我知道了，动画广告中的脚本是为以后的动画制作服务的，所以应区别于电视剧本和电影剧本。对比电影剧本和电视剧本，动画脚本有它独特的一面，就象动画导演和电影导演的区别一样，考虑到动画的表现形式，不能出现和少出现一些单纯的描写，应该在有限的时间提炼对白的文字，所有的对白都要考虑是否能用动画的方式表达出来的。参考相关的小品和视频资料后，我便开始写动画脚本。通过脚本我基本上知道自己接下来都要做些什么了。我顺着脚本展开分析，确定好了三幕戏，以及他们分别主要讲哪些事情。

第一幕：开端——建置故事的前提与情景，故事的背景。

第二幕：中端——故事的主体部分，故事的对抗部分。

第三幕：结束——故事的结尾。

当这些完成后，我又进一步和客户沟通了片子的风格，修改了脚本直到客户满意。

《昨天今天明天》电视脚本

主持人：今天的话题是"六安义乌市场的昨天、今天、明天"。大妈您先说吧。

大妈：嗯，大家好！昨天义乌市场7年追涨，日益火爆，今天义乌市场万商云集，席卷鄂豫皖，明天义乌二期升级版六安铺王，市场超前，商铺超值。

（乐队奏乐）

大叔：轮到我了。昨天义乌市场商流滚滚，推波助澜，今天义乌市场品牌荟萃，百花齐放，明天升级版义乌三期专业保障，锦上添花！谢谢！

（乐队奏乐）（坐在地上）

主持人：按照惯例，我们要请一位嘉宾用一句话总结一下。这次大叔来吧。

大叔：小崔，就剩一句啦？

主持人：对，发自肺腑的一句话。

大叔：六安义乌三期将是厂家的市场、商家的钱庄、购物者的天堂。

（乐队奏乐）（从地上站起）

制作阶段

1. 角色设计

根据脚本的内容和自己的构思，画出剧中角色的正视图，看看是否像所参考的笑星。调整、修改到确定后，再画出每个人物的侧视图，并且用线标出人物头部、上身、下身的高度区别。我是直接用Flash绘画工具绘画的，也可以先画出铅笔稿或是电子版的草图，再导入Flash软件中，进行临摹。

2. 场景设计

我初步画出了剧本中出现的镜头场景，检查构图没有大的问题之后就给画好的场景上色。客户确认了之后，我就制作颜色表，把每个部分的颜色确定下来，依照颜色表给所有的场景上色。最后把画好的角色和场景结合起来，再调整修改，使场景和角色相互协调。

3. 动作及镜头

当脚本、配音稿、角色人物和场景都确定下来后，剩下的就是由Flash动画制作这块来完成了。

新建一个Flash文件，把文档设置为720x576，帧数为25帧每秒，把制作的场景和角色转为元件，使之出现在库中。"库"相当于演员的后台，你就是导演，这些后台的演员供你随时调配。场景就相当于舞台，所有的角色都将在这个舞台上表演。

按照剧本要求制作每一个镜头，根据情节放置合适的背景。第一个场景开场，镜头从天空拉下来，停在一个商贸城前的广场上。这是主场景，基本的情节都在这一个场景里完成。因为是商业片，商业主题要突出。片中有3个人物，分别是主持人和一对老夫妻。通过主持人采访的方式，以及人物的对白、动作、表情，把剧本的内容表达出来。制作时我始终想着用幽默诙谐的动画手法将整个片子的主题突出，使观众在嬉笑中，了解这个片子的内容，既达到广告效果又给观众留下深刻印象。

这个商业动画只有短短一分钟时间，给我最大的感受是对画面镜头、节奏的控制力要好，用有趣的情节把广告的主题表达出来。

4. 配音和后期

最后，根据脚本的配音稿和镜头时间，配上合适的音乐和音效，使动画更加精彩生动。

制作过程中客户的一些修改意见：

1. 主持人的变化再多一点，在不说话的时候动作表情多点变化，尤其是眉毛，不要从头到尾一直保持这个状态吧。

2. 还是主持人，在说"总结"那段的时候先有了一段声音然后才看见他嘴动，他没动嘴的那段减一点。

3. 主持人在说"总结"一段的时候，老太太应该从喜到悲，不要一直保持很悲伤的状态，或者当主持人让老爷爷说的时候就给老太太加个扭头不屑的动作（前面出现过的，反方向来一下）。

4. 后面要压缩出一秒左右的时间加个标板。

安徽艺术职业学院美术系动漫专业2007届 蔡瑞

练习题：

1. 用群组的方法，分别绘制儿童、年轻男女、老人的形象。每个形象绘制一个正面和一个侧面。设计形象要有立体的思维，只有绘制好不同的角度才会立体地理解所绘制的形象。

2. 用群组的方法，绘制一个场景的画面。绘制场景不仅对透视知识有一定的要求，颜色和光线的控制也是非常重要的。多练习使用渐变色功能让画面的颜色更丰富。

3. 在Photoshop中分层绘制一个包含前景、中景、远景的动画背景图，并练习将它们分层存储为3张PNG格式的图片，再分层导入Flash，制作一段有细微景深变化的动画。

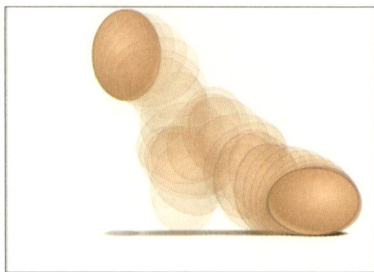

图 3-92

4. 设计并制作一段鸡蛋落下→向前弹跳几次→来回滚动→静止的动画。（图3-92）

5. 如果我们用相机镜头抬头看太阳就会看见"光晕"的效果，这是电影、动画常见的镜头效果。设计并制作一段太阳光晕的动画效果。

6. 设计一个简单的形象，制作一个侧面的跑步动画。

7. 设计一个简单的形象，制作一段正面走路和跑步的动画。

8. 将一段说话的音频文件导入Flash，在Flash里面画一个形象并为它配上对口型的动画。

9. 动作是表演的基本单位，设计并制作一个动作。

10. 设计并制作一段由若干个镜头组成的小情节。

思考题：

1. Falsh二维动画和传统手绘二维动画的异同。

2. 二维动画和三维动画有何异同？

3. 什么是矢量图？什么是位图？

4. Flash可以支持哪些格式的文件？

5. 以序列图的方式输出动画的好处是什么？如何实际操作？如何科学地保管文件？

6. 结合原、动画的原理和Flash的制作技巧，谈一谈无纸动画的优点体现在哪几个方面以及自己对二维无纸动画的认识。

第四章 二维像素动画制作

▶ 学习目标：
掌握像素动画的基本知识，包括如何在Photoshop中制作像素画以及角色动画，并能够独立完成其他动画效果的制作。在理解的基础上进一步锻炼实际操作技能，以提高分析问题和解决问题的能力。

▶ 学习重点：
像素动画的概念、用途及制作方法。

▶ 学习难点：
1. 线条的绘制要求；
2. 基本形的绘制方法；
3. 像素图的绘制要求；
4. 像素动画的规范流程。

　　"像素"的艺术形式借鉴于显示器的成像原理，并伴随计算机硬件的升级，"像素图"设计也愈显复杂。回顾历史，从早年任天堂的电视游戏到现在的手机GAME，从初期的电脑简易图标到现代复杂的网页动画，我们都不难发现，新时代的媒体无处不透露出"像素"艺术的种种迹象。现在，越来越多的年轻人正投入到这一行业中来，相信在不久的将来，像素艺术将会发展得更加成熟和完善。

▶ 第一节 像素动画概论

　　什么是像素动画呢？

　　首先，让我们来认识一下像素。"像素"（Pixel）是由 Picture 和 Element这两个单词组成，是用来计算数码影像的一种单位。以JPG图片为例，图片本身具有连续的浓淡阶调，我们若把图片放大十几倍，会发现这些阶调是由许多色彩相近的小方点组成。这些小方点就是构成影像的最小单位"像素"（Pixel）。各种像素点按一定规律排列组合后，就构成了具有传达功能的数字文件——位图，也叫做点阵图或像素图。（图4-1、图4-2）

图 4-1

图 4-2

　　其次，我们所说的"像素画"是一种绘制方法，严格来说属于点阵式的位图。之所以称为像素画，是因为它通常比较小，在绘制的时候需要对像素进行逐个描绘。像素画的特点是具有图标式的风格，强调清晰的轮廓、明快的色彩，没有混叠的光滑线条，严格强调像素色彩的搭配和变化，常常采用GIF的格式加以保存。

而像素动画呢？从根本上说也就是由连续的、符合运动规律的像素画构成的独特动画形式。其中以GIF动画为主导。

第二节　像素动画的应用领域

一、游戏行业

现今高端游戏，如PS3，XBOX360是依托真实的三维空间来吸引玩家，但2D游戏没有被三维游戏取代却是因为独特的视觉风格，对硬件要求低等特点，使得像素动画在低端计算机平台，尤其是在手机上恰到好处。很多怀旧的朋友仍乐此不疲地重温当年2D游戏所带来的乐趣，并一直支持2D游戏的设计与开发。

许多早期2D游戏如魂斗罗（图4-3）、拳皇系列（图4-4）、超级玛丽（图4-5）等在今天看来依旧是魅力无穷的，且不会因为科技的进步而显得落伍和简陋，反而因为独特的艺术形式和很强的可玩性赢得玩家的青睐。

图 4-3　　　　　　　　　　图 4-4a　　　　　　　　　　图 4-4b　　　　　　　　　　图 4-5

二、视觉设计

像素是伴随计算机发展的产物。大批艺术家常常借鉴像素形式来完成创作，并且这种形式已经成为一种时尚。例如专门用像素形式来设计的字体（图4-6）、网站（图4-7）、平面图形（图4-8）、Icon和GIF动画作品等，现今像素形式的设计作品在设计界总是屡见不鲜。更有一大门派Isometric专门从事像素插图创作，利用成角无灭点透视方法来表现生活中的场景。（图4-9）

图 4-6

图 4-8a

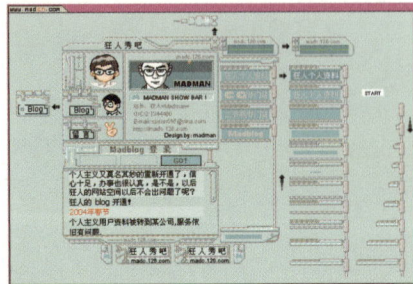

图 4-7

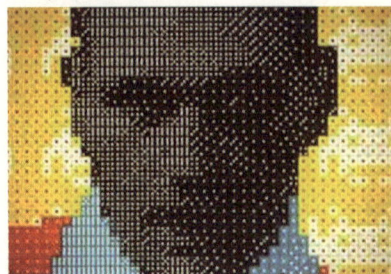

图 4-8b

图 4-9

三、用户界面（UI）

包括手机的操作界面、图片短信、网络头像、网络形象以及博客换装等。（图4-10）

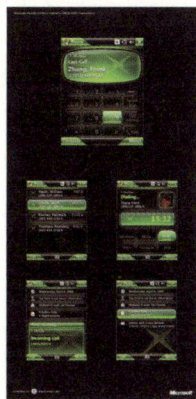

图 4-10c

图 4-10a   图 4-10b   图 4-10d

第三节 设计软件

一直以来，初学者常把软件问题摆在首位，认为软件直接决定了作品质量。其实不然，每一款软件都有它的长处，正确地选择软件能够帮助我们提高工作效率，但好的作品最终还是取决于设计人员的艺术修养，因为作品的创作流程可以是多样的。所以我们应该根据个人的习惯或创造内容的需要来选择适当的工具。

制作像素作品的工具软件有以下几种：

一种是制作Icon图标的专用软件，比如Microangelo、Iconcool、Articons等；

另一种则是编辑位图的图形软件，比如：Photoshop CS2（图4-11）、Fireworks、甚至Windows系统自带的画板工具。

如果是一些较复杂、大型的像素动画，可以使用Flash。不过Flash输出的像素动画品质较低，输出SWF文件比较理想，具有文件小、下载快等特点。

目前，Photoshop CS2及自带的插件ImageReady（图4-12）是像素设计公司常用的主流软件。

我们为什么选择Photoshop呢？

因为相比其他软件，Photoshop具有更多操作上的优势（图4-13）：

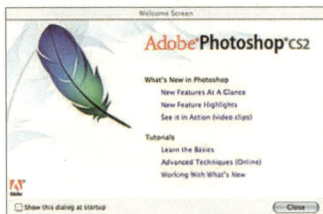

图4-11

图4-12

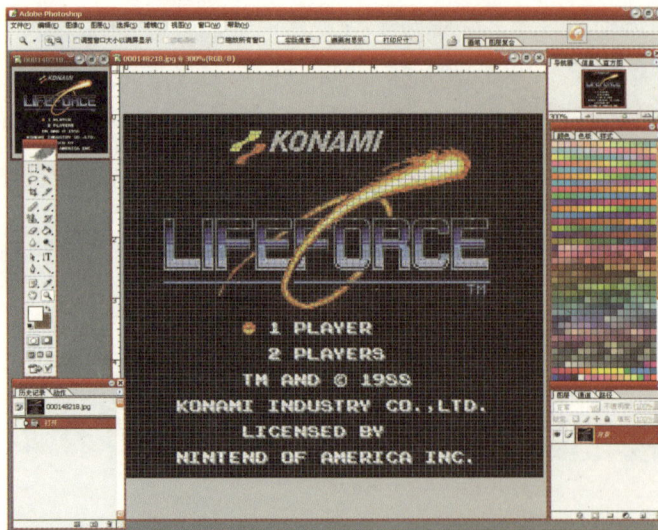

图4-13

1. 文件的大小可以根据要求在制作过程中随时调整、设置而不影响源文件的质量（但是分辨率最好保持在72dpi左右）；

2. 每一项操作都有快捷键，可以通过键盘配合鼠标完成设计工作，这样可以降低操作的反复性，同时Photoshop还具备便捷的复制粘贴功能；

3. 网格、标尺、辅助线能够帮助精确定位；

4. 强大的图层功能，便于阶段性的调整色彩和造型。

5. 双窗口功能，可以复制出一个内容、名称完全相同的视图，以便在放大绘制中能够直接看到缩小到原大小像素时的效果，加强了绘制的直观性。

6. 历史记录功能在绘制出现问题时方便设计师及时后退到正确的步骤加以修改。

第四节　像素图设计流程

一、基础线条和基本形态绘制方法

作为抽象艺术的典范，书法是由基本的点、横、竖、撇、捺等笔划构成，在书写时讲究章法。而针对像素设计，行业内也提出了明确的绘制规范来帮助提高画面品质。一般来说，规范的线条所绘制出来的像素画画面细腻、结构清晰；而非规范的线条使用时像素点"并排"、"重叠"现象严重，画面粗糙。

下面我们一起来学习几种常用的线条绘制方法：

步骤一：在Photoshop中选取铅笔工具（图4-14），把笔刷调成1像素大小（图4-15）。

图4-14

图4-15

步骤二：绘制的时候可将画面适当放大。

正确一

错误一

正确二

错误二

线条一：单点线

线条二：双点线

线条三：三点双间线

线条四：圆线

线条五：纵向双点线

22.6°的斜线

选取1像素的铅笔工具，以两个像素为一组斜向排列，包括双点横排和双点竖排两种方式。此类线条常用于灭点无透视建筑的描绘，因此3D像素建筑的统一透视角度通常控制在22.6°范围内（图4-16）。

30°的斜线

选取1像素的铅笔工具，以两个像素间隔一个像素的方式斜向排列，当像素点以这种方式竖向排列时则形成了60°的斜角。此类线条使用较为灵活，经常与其他线条配合使用，以便完成一些相对特殊的造型（图4-17）。

45°的斜线

选取1像素的铅笔工具，以一个像素点的方式斜向排列。此类线条掌握比较简单，较常用于平面物体以及建筑斜面的绘制（图4-18）。

直线

选取1像素的铅笔工具，在绘制的同时按住Shift键，拖动鼠标就可准确地绘制出横向或纵向的直线（图4-19）。

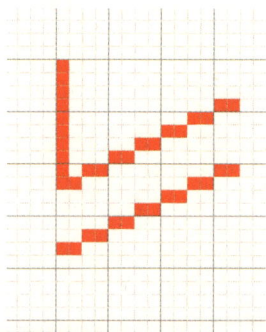

图 4-16

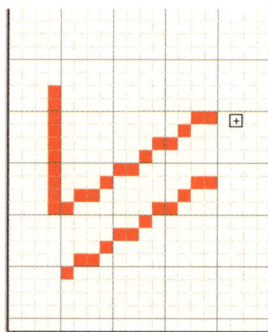

图 4-17

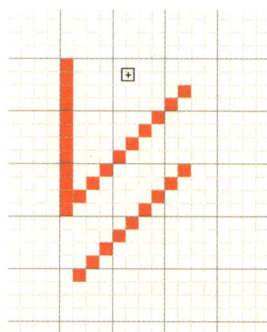

图 4-18

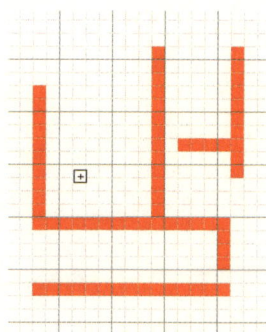

图 4-19

弧线

选取1像素的铅笔工具，分别将像素点以3-2-1-2-3、4-2-2-4、5-1-1-5的弧型排列即可得到相应的弧度角（其排列必须具有一定的规律性以及对称性）（图4-20）。此类线条较常用于人物头像、动物角色的绘制。

在创作大型的像素画时，为了更快地完成设计工作，可以把常用的线条笔划以及基础图形定义成笔刷，从而大大提高工作效率，这样是不是很方便呢？（见图4-21）。

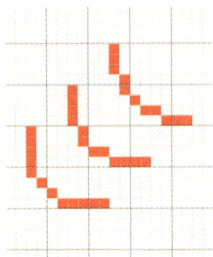
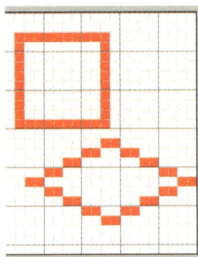
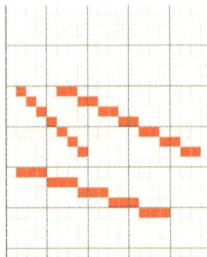
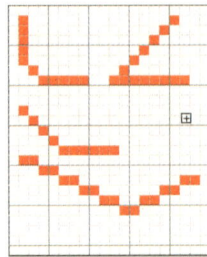

图 4-20　　　　　图 4-21a　　　　　图 4-21b　　　　　图 4-21c

自定义笔刷具体步骤如下：

步骤一：新建文档，大小随意，分辨率设置为72dpi、RGB色彩模式，背景色为白色，前景色为黑色。

步骤二：选取铅笔工具并选择1像素的笔刷，用黑色绘制一条斜线。

步骤三：绘制完后点击编辑→定义画笔命令。

步骤四：自制完笔刷后，我们可以定义自己的笔刷库。点击画笔控制面板上的圆形小三角，选择"存储画笔"，这样一个属于自己的笔刷文档就完成了。我们可以根据需要，随时"载入画笔"或者增添新的笔刷。

二、基本图形

等边三角形

选取1像素的铅笔工具，绘制一条60°的斜线（图示红色部分），再绘制一条与之相对称的斜线（图示黑色部分），最后按住Shift键连接两条斜线。如果把60°的斜线压缩至45°斜角的话，则能完成直角三角型的绘制。（图4-22）

矩形

通过四条直线可以构成一个矩形，但是在像素画中当直角图像处于非水平位置时，画法就会有所区别。选取1像素的铅笔工具，以双点横线与双点竖线的两种画法构成矩形，如图4-23所示。

圆角

选取1像素的铅笔工具，按Shift键任意画一个矩形，选择其中一个直角，在直角的两条线内画3-2-1-2-3的弧线，最后删除外部多余的部分，完成圆角。弧线的弧度决定着圆角大小，弧线的弧度越大则圆角就越大。（图4-24）

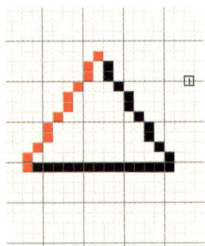
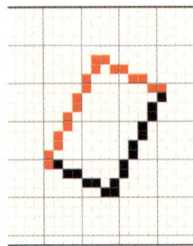
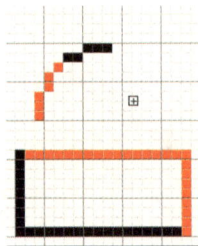
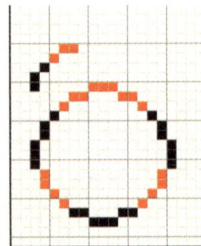

图 4-2　　　　　图 4-23　　　　　图 4-24　　　　　图 4-25

圆形

选取1像素的铅笔工具，使用画圆角时的3-2-1-2-3、4-2-2-4、5-1-1-5的弧形方法绘制一段弧线，把握好弧线的对称性，最后通过水平翻转和垂直翻转使短弧线组合成圆形。（图4-25）

三、像素图设计基础透视

在表现物体的立体性时要注重物体构造的空间关系，那么如何在平面中绘制具有空间构造的对象呢？这就需要设计师在绘制基本线条的组合时注重透视知识的运用。

在像素画中绘制一点、两点以及三点透视的线条很难有规律可循，在一定程度上会给设计师带来繁重的绘制点的工作，因此像素画中的透视法简化了上述的透视规律。根据像素线条的特有属性，一种没有灭点的俯视平行透视被广泛地运用起来。（图4-26）

透视实例见图4-27。

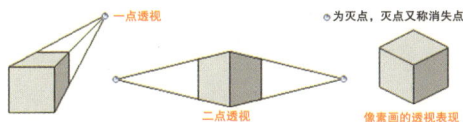

图 4-26

图 4-27

四、像素图设计基础造型

造型是体现像素画特征的基本要素。简单来说造型就是用来表现作品形态的一种结构组合关系。学习造型只有通过多看、多记、多学、多练才能有所提高。（图4-28）

图 4-28

学会适应像素画的特点，把造型复杂的东西简单化。（图4-29）

逐步进行深入刻画的过程：（图4-30）

图 4-29

图 4-30

五、像素图设计色彩过渡

色彩是像素表现的关键，有了好的造型还需要通过色彩的搭配和过渡来刻画角色的细节特征，那么如何在绘制中运用色彩来达到比较理想或自然的表现效果呢？下面通过几种过渡类型给大家做逐一介绍。

双色过渡

利用两种颜色相互穿插并逐渐减弱疏密度来产生过渡效果，此种过渡方法较常用于半圆形或有曲面钝角的绘制上。绘制这些点时通过把握其平均的规律性，可以适当地运用复制粘贴功能来提高工作效率。（图4-31）

圆柱体过渡

同一色系多种颜色的渐变过渡，以至达到一种立体感，此种过渡方法适合于圆柱类物体的上色。（图4-32）

图 4-31a

图 4-31b

图 4-32a

图 4-32b

网点渐变过渡

另一种平面的过渡方法，在一种颜色的基础上再叠加网格，绘制出的物体过渡自然、颜色饱满，但是难度较高，不易掌握。（图4-33）

图 4-33a   图 4-33b

六、像素图设计明暗关系

像素画中的主体物常常会因为过多的色块而略显呆板、不够生动，缺少明暗变化，很难体现角色的立体感。

当我们准备绘制一幅具有明暗色彩变化的像素作品时该如何避免这个问题呢？首先要确定光源的方向，其次根据光源的照射为物体添加亮部、中间色、明暗交界线、反光以及投影部分的色彩关系。如果绘制的像素作品属于次要的细节或局部，要把握好亮部与暗部的色彩塑造。（图4-34）

图 4-34

七、网络像素图尺寸规范

像素图具有干净轮廓和纯净色彩等特点，绘制完成后任意改变文件的大小会导致图像模糊、变质。为了帮助定位，我们提供部分常用的图片规格如下：

系统图标：16×16、32×32；

论坛头像：32×32、50×50；

链接logo：88×31。

分辨率一般在72dpi左右。

▶ 第五节　像素图的绘制流程

一、卡通风格像素图的绘制流程（图4-35）

1. 打开Photoshop软件，新建文本文件（快捷键是Ctrl+N），文件名自定，预设为自定，宽度和高度分别设置为96像素以及120像素，分辨率为72像素/英寸，颜色模式选择RGB颜色、8位，背景内容为透明模式。（图4-36）

图 4-35

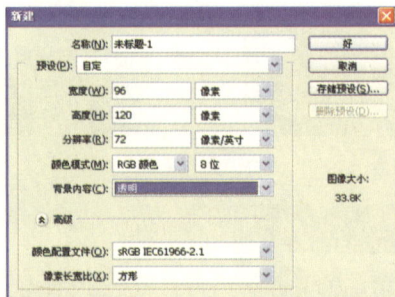

图 4-36

2. 选择铅笔工具，再通过属性面板将笔刷大小设置为1像素。（图4-37）

3. 新建图层一，在参考设计稿后用黑色铅笔工具快速绘制出角色的外轮廓。（图4-38）

4. 为了高效率的绘制，我们可以显示参考线及网格，之前需要在预设中调整网格的参数。点击编辑→预设→参考线，网格和切片，从弹出的对话框中更改网格线间隔和子网格的参数。（图4-39）

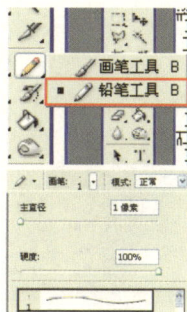

图 4-37

图 4-38

图 4-39a

图 4-39b

5. 继续调整角色造型。（图4-40）

6. 下面开始铺色。选择饱和度较高的颜色进行平涂，平涂过程中可适当放大笔刷半径（头发颜色RGB值145、65、0，皮肤RGB值255、210、185，眼影RGB值255、165、50，内衣RGB值分别为255、15、95和130、0、45）。（图4-41）

图 4-40

图 4-41a

图 4-41b

7. 利用暗调或补色来塑造背光面的体积，注意光源方向要统一，借此营造角色的立体关系。（图4-42）

8. 继续拉开明暗对比度，让颜色醒目、跳跃。（见图4-43）

9. 深入调整角色的黑色边线，绘制时要严格遵照线条的相关要求。

图 4-42

图 4-43a

图 4-43b

10. 完成绘制后如对色彩部分不满意还可以通过色阶等调整工具来完善设计。（图4-44）

图 4-44

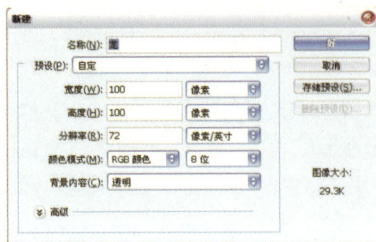

图 4-45

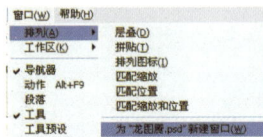

图 4-46

二、写实像素画的绘制流程

1. 打开Photoshop软件，新建文本文件（快捷键是Ctrl+N），文件名为龙图腾，预设为自定，宽度和高度同为100像素，分辨率为72像素/英寸，颜色为RGB颜色、8位，背景内容为透明。（图4-45）

2. 在主菜单中依次选择"窗口"→"排列"→"为'龙图腾.psd'新建窗口"，界面中会生成一个小的预览窗口，通过这个窗口我们可以及时了解画面实际大小时的效果。（图4-46）

3. 将原文件放大到合适尺寸。新建图层一，参照设计稿用单色粗略的画出主体物的轮廓。这个阶段主要是确定主体物的比例和动态。（图4-47）

4. 选择适合的颜色用平涂的方式绘制主体物，此时可以绘制出主体物的固有色。如果要表现体积感则用深一度和浅一度的色阶绘制，也可以适当地拉开冷暖关系。（图4-48）

图 4-47

图 4-48

5. 暗部暗下去，亮部提起来，用色彩有意识地刻画一些细节，让主体物逐渐变得饱满起来。（图4-49）

6. 在主菜单中依次选择"图像"→"调整"→"色阶、曲线等"，来调整主体物的各项绘画关系，直到颜色靓丽醒目为止。（图4-50）

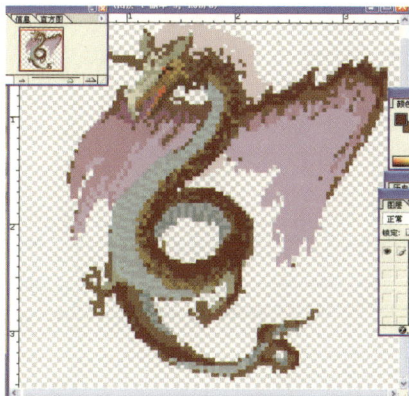

图 4-49

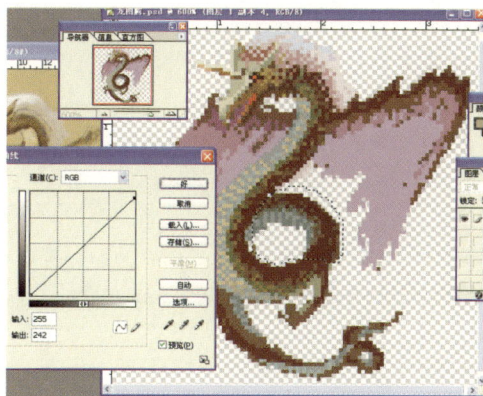

图 4-50

7. 继续在亮部和暗部添加色点，意在塑造主体物表面的肌理效果。（图4-51）

8. 随着刻画的深入，需要不断地调整各部位间的色彩关系，要有细节，整体而不琐碎。（图4-52）

注意：绘制快完成时必须将主体物放置在背景画面中，通过调整，使主体物造型轮廓清晰，在任何关卡画面中都不会显得模糊。

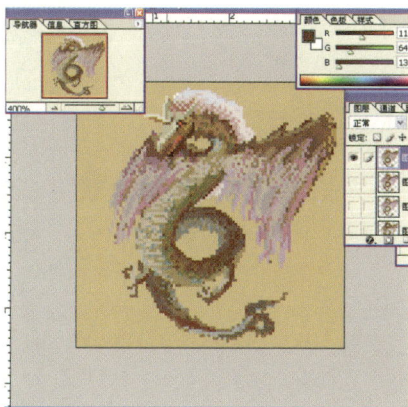

图 4-51

图 4-52

9. 对比原画，检查绘制出的主体物是否有漏洞。主体物造型应该体现原画里的主要特征，但是细节又不可能像原画中那么细腻，所以显得精致就可以达到绘制要求。（图4-53）

图 4-53a

图 4-53b

三、手机游戏中的像素图设计规范

1. 手机游戏中的像素图要求主体物轮廓清晰，色彩明快，画面细腻，不使用混叠的方法来绘制光滑的线条。

2. 在软件上一般选择带有ImageReady的Photoshop版本。

3. 分辨率统一设置为72dpi，背景层选取透明方式。

4. 对于像素图的压缩需要专业的软件，保证压缩后质量不失真。

5. 不可直接截取有版权的图片素材，如必须使用则须保证完成片与原素材有80%以上的差异。

6. 在保存过程中涉及旋转问题时，可以通过Photoshop中的旋转工具来解决，旋转后及时补缺以保证文件前后容量一致。

四、手机游戏像素资源库中对于像素图的保存规范

1. 像素图要求统一保存为PNG格式的透明图片文件。

2. 对色数来说，简单的图片，压缩后定为8色；复杂的图片，压缩后需要定为16色或32色。

3. 根据手机屏幕类型的不同将游戏角色（主角、配角）、道具和地图的单元格分别定为16X16像素或32X32像素。手机屏幕较小的可用16X16像素，较大的可用32X32像素。

4. 文件命名根据公司的要求会有所变化，例如：主角统一命名为player_001、player_002……；配角统一命名为npc_001、npc_002……；BOSS统一命名为boss_001、boss_002……；界面、菜单、面板统一命名为menu_001、menu_002……；地图统一命名为map_001、map_002……；道具统一命名为property_001、property_002等。

第六节　手机游戏中像素动画的设计流程

目前手机游戏的创作空间狭小，主要问题是手机程序的运算能力较弱。针对这一现状，在当前可实施性措施的要求下，最便捷的解决方法是缩减美术资源给系统带来的运算负担，拓宽游戏的可操纵性和画面的流畅性。

第一步：根据剧本内容进行草图设计。

作为一个像素游戏的动画设计师，在遵从设计规范的前提下，从最基本的草图入手，在角色和场景的构思上注意把握造型简洁、动作简单、色彩搭配亮丽等基本特点。（图4-54）

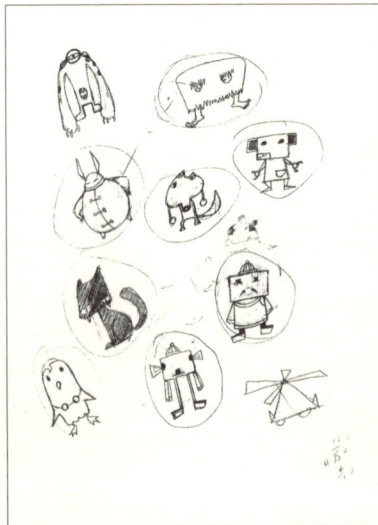

图 4-54a　　　　　　　　　图 4-54b　　　　　　　　　图 4-54c

图 4-54d

图 4-54e

图 4-55

第二步：因为手机屏幕小、颜色和声音支持弱、等待时间长等弱点，角色在输出时都必须控制在8套色以内。（图4-55）

第三步：根据以上的设定逐帧绘制动画。

一、伤疤狗像素动画设计

1. 开启Photoshop软件，新建文件宽度和高度分别为为50×60像素，RGB格式，分辨率72dpi，透明模式。（图4-56）

2. 新建图层一，命名为"起始动作"，在这一层中用上节学到的内容绘制设计稿中的伤疤狗，注意造型为起跑姿态，可对伤疤狗设计一些类似于坏笑、生气、呆滞和兴奋的表情动作，让整个角色活起来，并体现出个性特色。（见图4-57）

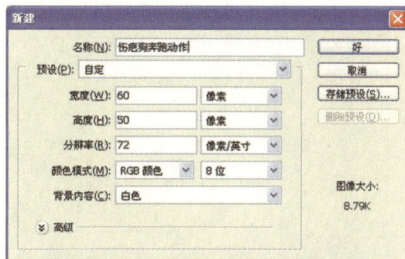

图 4-56

图 4-57

图 4-58

图 4-59

3. 新建图层二，命名为"跃起动作"，在这一层中绘制伤疤狗在奔跑过程中跃起至最高点时的姿态，这一张画面可以理解为二维动画技法中的关键帧或关键张。（见图4-58）

4. 新建图层三，命名为"落地动作"，注意落地动作和起始动作要具有延续性，因为奔跑动画并非为动画片服务，这是一个循环动作，所以在起点和落地上首先要有距离。其次两者要能够衔接得比较紧密，要求在循环播放时尽量做到没有跳帧的视干扰。（图4-59）

5. 从"文件"菜单中选择"在ImageReady中编辑"，操作界面自动转换至ImageReady操作面板。（图4-60、图4-61）

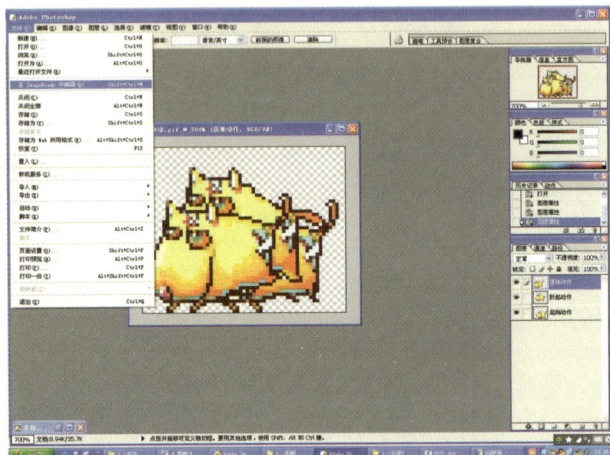

图 4-60

图 4-61

6. 将时间面板上单帧的时间设置为0.1秒，隐藏改过名的图层二和图层三。（图4-62）

7. 通过复制当前帧来生成后面两张像素画。（图4-63）

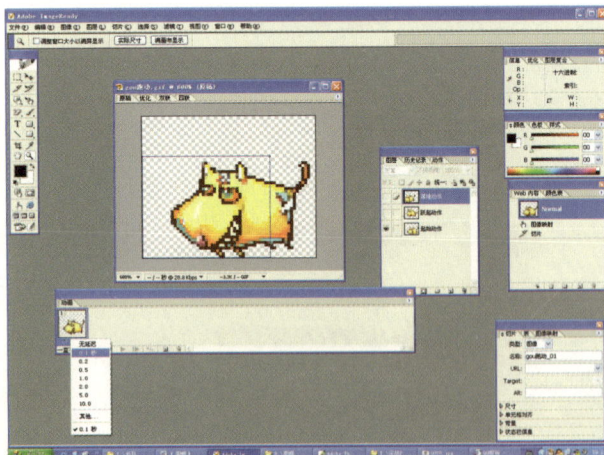

图 4-62

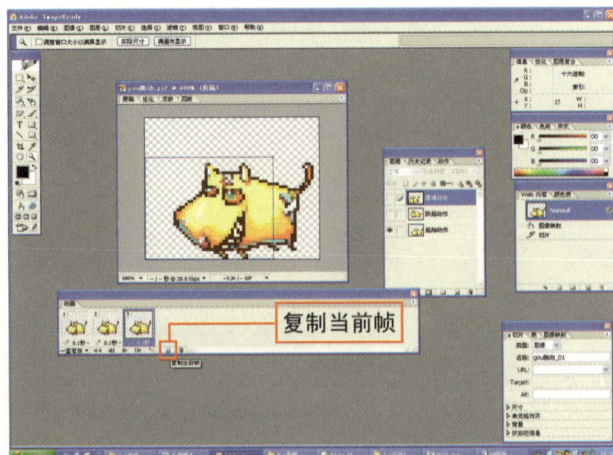

图 4-63

8. 选择第二帧，在图层面板中单显示图层二，第三帧类推，以此来将第二帧的画面和图层二对应显示，第三帧和图层三对应显示。（图4-64、图4-65）

9. 用选择移动工具来调整每一帧主体物的位置，让连续播放后的动作更加自然到位。（图4-66、图4-67）

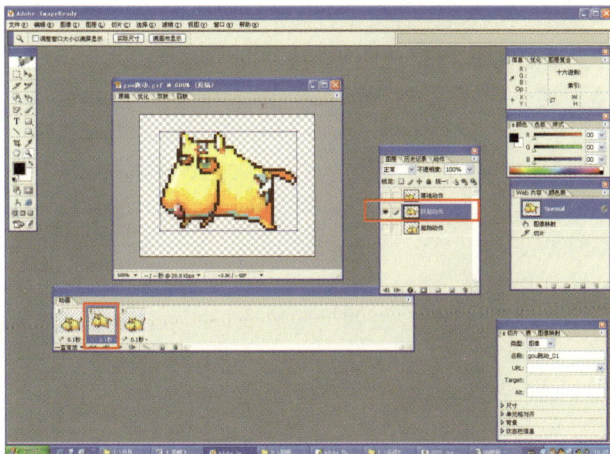

图 4-64

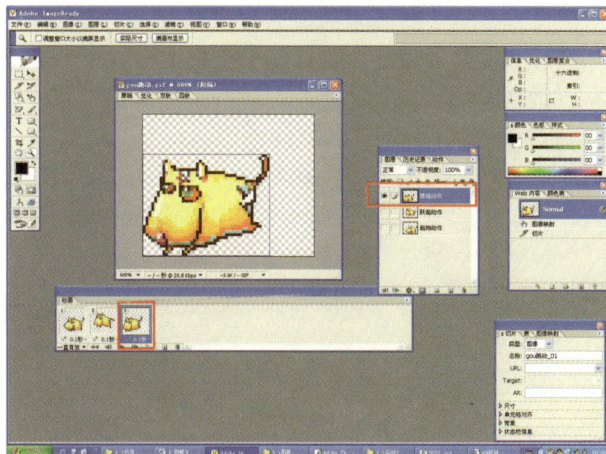

图 4-65

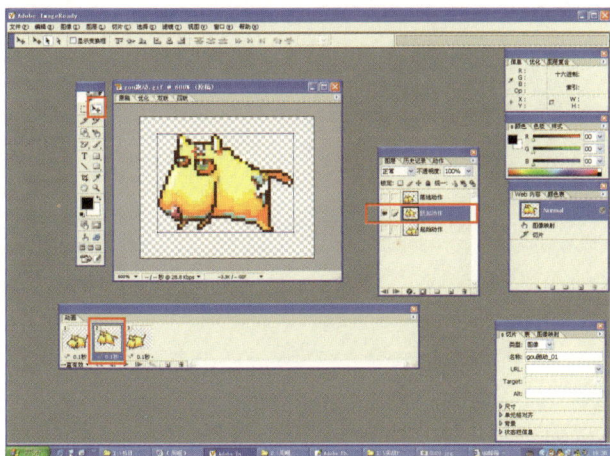

图 4-66

图 4-67

图 4-68

图 4-69

　　10. 将调整好的效果即时保存输出，选择"文件"菜单中的"将优化结果储存为"，在弹出的面板中输入保存路径和文件名即可，注意格式必须是GIF格式。（图4-68、图4-69）

二、Boss运动路径GIF动画制作流程

　　1. 在Photoshop中新建文档，宽和高度分别为320×100像素，RGB格式，分辨率72dpi，透明模式。（图4-70）

　　2. 新建图层一，在文件最右边绘制第一帧造型。

　　这是角色的起始姿态。事实上，在每一个动作发生之前，都有一个准备和预期的起始动作。它可以让观

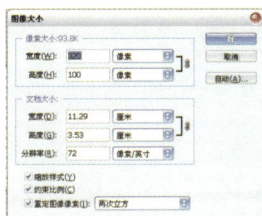

图 4-70

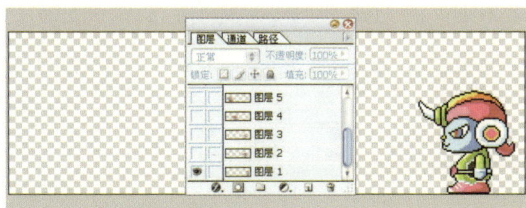

图 4-71

众预见到下一个将要发生的动作，从而为主要的动作做好铺垫。一些细微的动作变化或者幅度很大的身体动作都可以作为预期动作。在这一步骤中可以将动作设计夸张些，以促进角色性格特征的塑造。

从例图的肤色、举止中，我们不难看出角色的性格体现得比较邪恶与冷酷，起始动作设计得比较低调、稳固。（图4-71）

3. 绘制第二帧，隐藏第一帧。角色在画面中的位置可以根据位移的要求向左边调整。第一帧和第二帧的延续组合成一个完整的起始、预备动作。这个预备动作可以表达角色正在做什么或者下一步打算做些什么动作，这样，观众才能期待下面的发展，动画才会更加吸引观众。（图4-72）

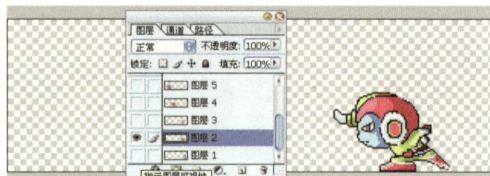

图 4-72

4. 绘制第三帧，隐藏第一帧和第二帧，根据运动模糊的要求对角色造型做虚化处理。可以用1像素的橡皮擦出残影效果。（图4-73）

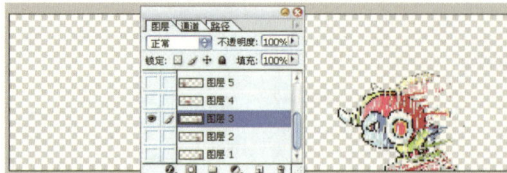

图 4-73

5. 绘制第四帧，隐藏前三帧。

对角色作位移复制，并逐个降低透明属性，按例图排列后合并为图层四，营造角色由于高速运动而形成的拖影效果。一般来说，角色在做夸张弹性运动时，身体各部分不会同时运动，而是会相互拉扯、牵带、扭曲或者旋转，并且在各个部分作相对的运动时，会在外部形态上产生压缩，当其中一部分到达停止点的时候，其他部分可能还在运动，只有把握好角色运动过程中的每个细节变化，角色的动作才会更加流畅、生动、绚丽。

而像素动画的容量和体积较小，所以在动作的设计过程中需要做适当的删除或简化。（图4-74）

图 4-74

6. 按照以上方法，在把握运动规律的基础上逐个绘制后面的运动内容。（图4-75）

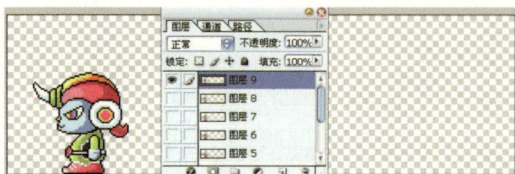

图 4-75a

图 4-75b

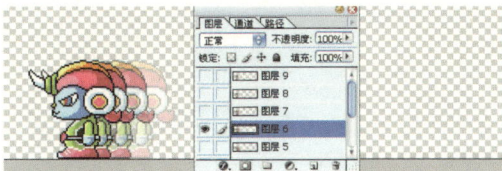

图 4-75c

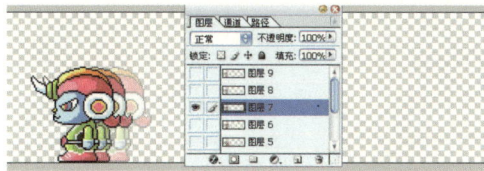

图 4-75d

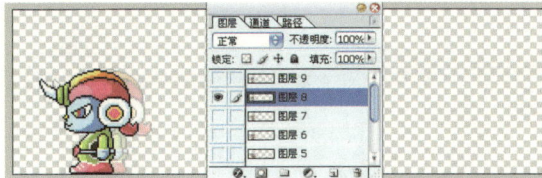

图 4-75e

图 4-76

7. 当九个图层都绘制完成后显示全部图层，查看动作过程是否流畅。（图4-76）

8. 下一步我们要开始为动画做最后的准备了。显示图层一，隐藏其余的图层。（图4-77）

9. 转接到ImageReady插件。（图4-78）

10. 接下来会弹出ImageReady操作界面。（图4-79）

图 4-77

图 4-78

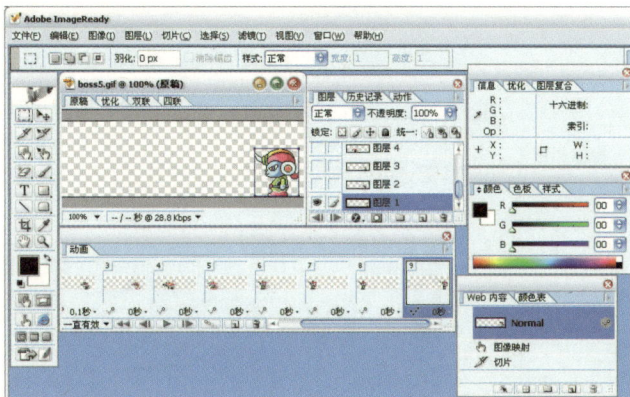

图 4-79

11. 可以通过"窗口"→"动画"来显示时间轴。（图4-80）

12. 图像窗口和Photoshop略有不同。上方有四个显示状态选择，其中原始表示原始状态，即未经压缩时的显示状态。优化表示经优化后的状态显示，即压缩效果显示。双联和四联则分别以两幅或四幅的幅面来显示不同的压缩效果。（图4-81）

图 4-80

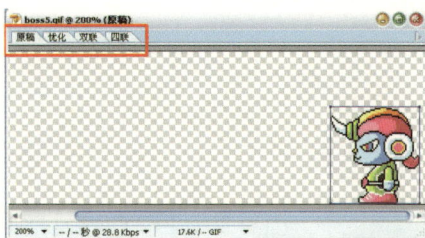

图 4-81

13. 转接ImageReady后时间轴上会自然生成第一帧，相应的再图层面板中单显示图层一。（图4-82）
14. 单击复制当前帧按钮，复制九帧。（图4-83）

图 4-82a

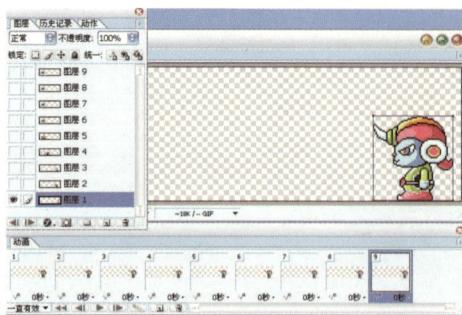

图 4-83a

图 4-82b

图 4-83b

15. 将每一帧对应的图层改为可显示状态，其他图层不可见。（图4-84）

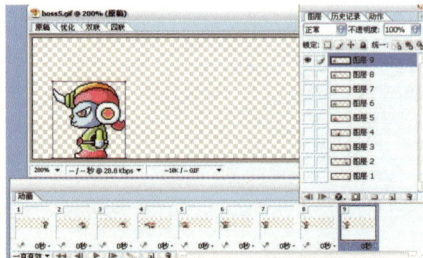

图 4-84a

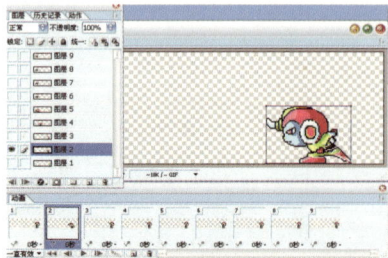

图 4-84b

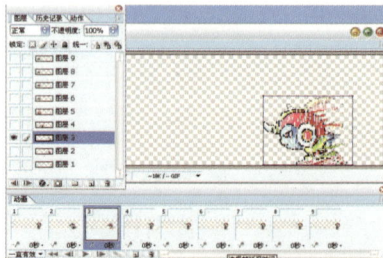

图 4-84c

16. 点击播放按钮就可以看到最初的连续帧动画了，为了让动作更加流畅完美，我们还需要进一步调整。（图4-85）

17. 时间轴的每一帧下都有一个时间显示，通过调节可以更好地把握动作的节奏和韵律。（图4-86）

图 4-85

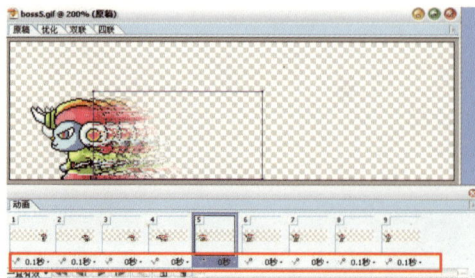

图 4-86a

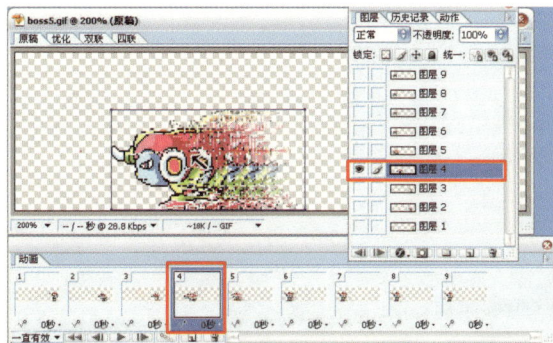
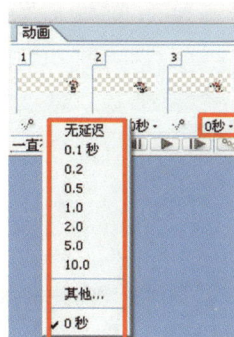

图 4-86b   图 4-86c

18. 当时间、位移都调整到位后，预览动画效果，没有问题就可以设置输出。（图4-87）

19. 选择"文件"→"将优化结果储存为"，快捷键为Ctrl+Shift+Alt+S，在弹出的对话框中选择保存类型为GIF格式，并单击确定（图4-88）。注意，保存路径要明确。

图 4-87

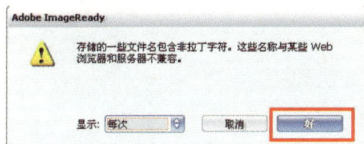

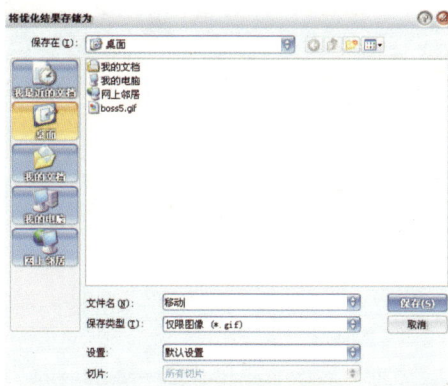

图 4-88a   图 4-88b   图 4-88c

第四步：手机游戏的设计流程规定，最后必须将每一帧动作按照从左至右的顺序排列，保存为单幅透明背景的PNG文件。也只有PNG格式的文件才能被程序员编辑为游戏。（图4-89）

图 4-89

▶ 第七节　优秀像素画赏析

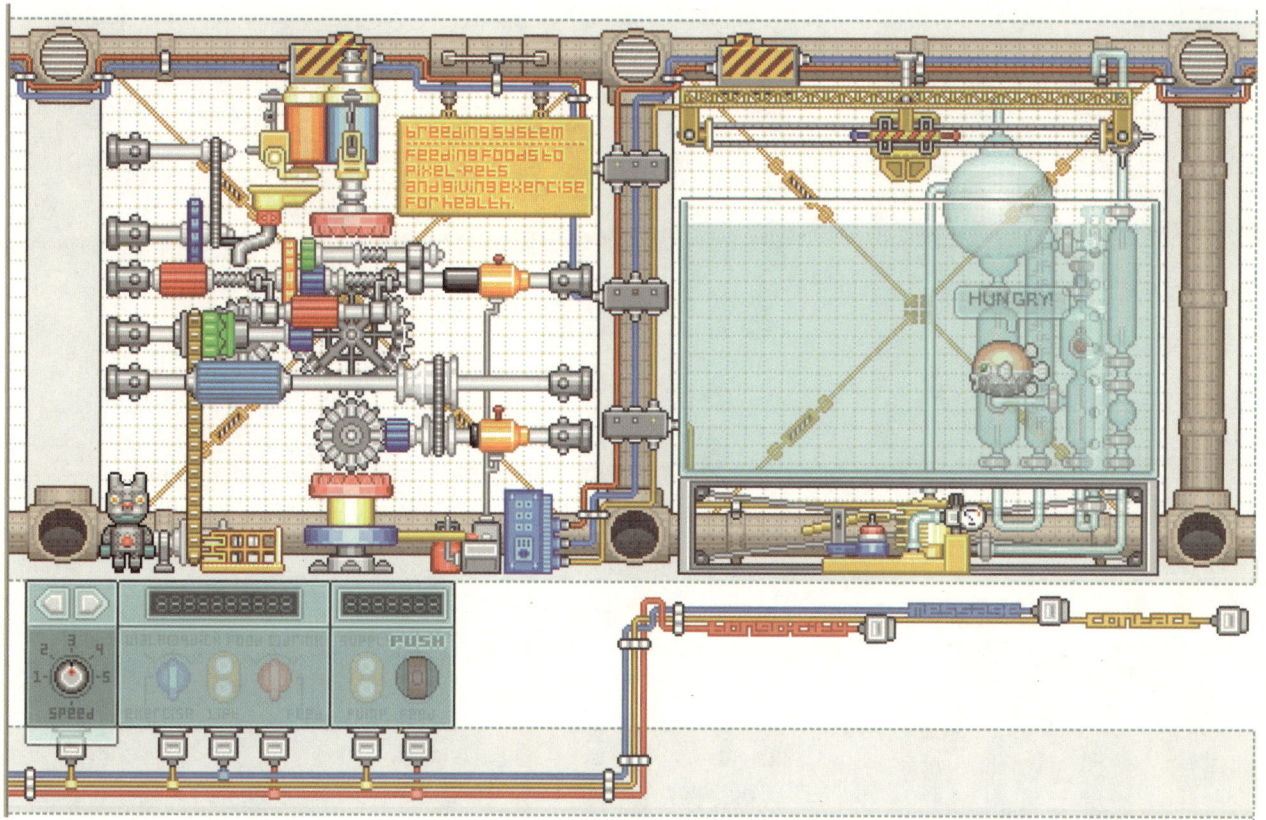

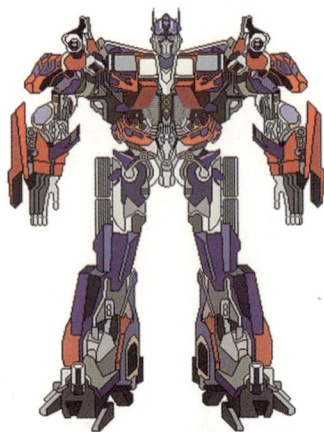

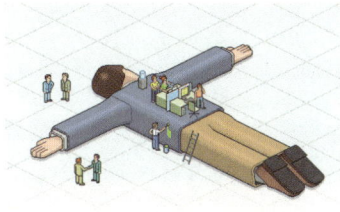

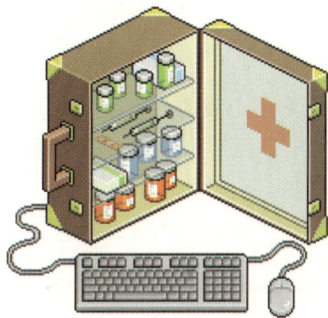

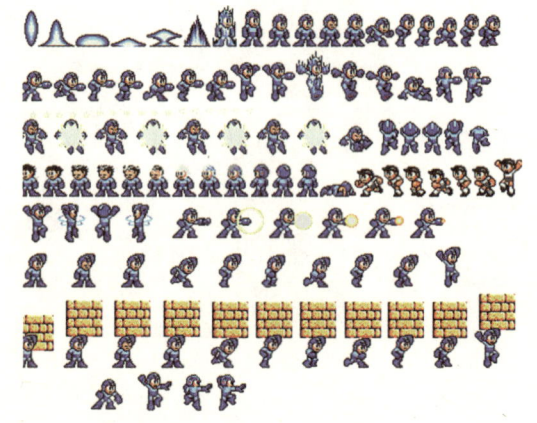

思考题：

1. 在日常生活中，有哪些地方或是在什么样的媒介平台上我们能够看到或触及像素这一艺术形式？

2. 我们所熟悉的电脑显示成像原理是什么样的？与像素有关联吗？

3. 像素是什么？像素图是什么？像素画又是什么？与矢量图有什么区别？像素画具有什么样的特点？

4. 我们为何要研究像素的线条、基本形等绘制要求和方法问题，同时在绘制过程中需要注意什么？对于像素图的绘制有什么样的基本要求？

5. 在ImageReady软件中，时间轴上的0.1秒→0.5秒到底有多长？

6. 基于手机游戏的特殊性，为了达到更好的画面效果以及符合计算机的运载能力，我们对像素动画的制作有什么样的要求和限制？

专题训练A　角色造型设计

要求：

1. 根据像素画的特点，独立设计并制作一组卡通角色。

2. 卡通角色需要具备"系列性"，一组不得少于5个。

3. 角色造型要求简洁概括，活泼大方，造型独特并具有时尚风格，色彩要求对比性强，高纯度。将角色放置在场景中时能够彰显其造型特点，不会和背景混为一片。

4. 保存后的尺寸规格：长和宽分别为64×64像素，16色，分辨率为72，透明背景层，存储为PNG格式。

专题训练B　像素场景设计

要求：

1. 根据像素画的表现特点独立设计一幅场景草图。

2. 风格与上题训练中的角色造型相一致，色彩要求对比性强，高纯度。将角色放置在场景中时不会影响场景的整体性。

3. 透视上遵循成角无灭点透视原则。

4. 保存后的尺寸规格：长和宽分别为320×240像素，16色，分辨率为72，透明背景层，存储为PNG格式。

专题训练C　像素角色动画设计

要求：

1. 为专题训练A中的5个角色分别设计一套动作，包括以下6个部分：行走、跑步、跳跃、出招、中招和等待。

2. 动作要求符合角色的个性特征，做到夸张、华丽。在动作的帧数上能够最大限度地缩减，以便减小文件的容量。凸显角色的生动性，注意每个角色动作间要相互区别。

3. 保存后的尺寸规格：GIF动态格式一张，要求长和宽分别为320×240像素，16色，分辨率为72，透明背景层。PNG静态格式一张，要求把角色的每一帧动作拆开按从左至右的顺序排列，长和宽自定义，16色，分辨率为72，透明背景层。

参考文献

於水. 影视动画短片制作基础. 北京：海洋出版社，2009.1